欧洲花艺名师的创意奇思
OUZHOU HUAYI MINGSHI
DE CHUANGYI QISI

Structure

创意架构

作品制作解析

〔比利时〕《创意花艺》编辑部 编
周洁 译

中国林业出版社
China Forestry Publishing House

FLEUR CRÉATIF Structure 欧 洲 花 艺 名 师 的 创 意 奇 思
创意架构作品制作解析

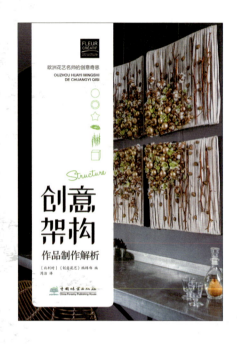

图书在版编目（CIP）数据

欧洲花艺名师的创意奇思.创意架构作品制作解析/比利时《创意花艺》编辑部编；周洁译.--北京：中国林业出版社，2021.4

书名原文：Fleur Creatif-zomer（2015-2018）
ISBN 978-7-5219-1104-6

Ⅰ.①欧… Ⅱ.①比…②周… Ⅲ.①花卉装饰－装饰美术 Ⅳ.①J535.12

中国版本图书馆 CIP 数据核字(2021) 第 058047 号

著作权合同登记号　图字：01-2021-2054

策划编辑：印 芳
责任编辑：王 全
电　　话：010-83143632
出版发行：中国林业出版社
　　　　　（100009 北京市西城区刘海胡同 7 号）
印　　刷：北京雅昌艺术印刷有限公司
版　　次：2021 年 5 月第 1 版
印　　次：2021 年 5 月第 1 次印刷
开　　本：787mm×1092mm 1/16
印　　张：16
字　　数：260 千字
定　　价：118.00 元

架构

——现代花艺突破瓶颈的创意之源

传统插花中，花瓶、花盒等容器是支撑花材的支架，花材通过依靠容器壁面展露芳容。因此，容器插花成为日常生活中常见的花艺表现形式。花店的产品也总是离不开瓶花、礼盒、花束这老三样。身为花艺师的你，千篇一律的形式是不是让你感觉曾经充满魅力的花艺现在越来越单调、设计走进了死胡同？

不用灰心，还好有花艺架构。它是带您突破设计瓶颈，走出死胡同的创意灵感源泉。

花艺架构起源于西方，是将建筑的架构理念借鉴到花艺设计中。花艺中常见的架构有两种：一种是仅仅起支撑固定作用，用来放置花材。在作品里，架构不具备观赏元素，所以作品做完后，通常是看不见架构部分的。另一种架构是把架构元素融入到作品造型中，架构本身就是作品的一部分，所以这类作品的架构会裸露在外，以将各种花材等植物素材与它搭配在一起，形成一个整体作品。

架构的出现是世界花艺领域一次全新的革命，它不仅克服了插花容器的局限性，让花材突破容器的束缚，通过缠绕、黏贴、层叠、捆绑等方法和技巧，创造出更多的层次和空间。而且用到的制作材料也不再局限于花、叶、枝条、果实等植物材料，尼龙丝、铁丝、金属网、石头、砖块等非植物材料也经常被用到架构花艺里。

架构的材料、表现方式的丰富性，向花艺师开启了魔力大幕，激发无数的创作灵感。家居、酒店、会所、公司前台以及别墅样板间、秀场、艺术展示空间中，处处都可以用架构的形式来呈现花艺设计。

当然，架构绝不局限于艺术创造，同样可以应用于花店的商品设计中。如果您开花店，您可以尝试用架构花艺开拓了另一种可能性，比如把常见的花瓶替换成有创意的架构，从而变成独一无二的花器……这样，您可以不再只用最低的价格做着最传统的花艺买卖，而是用独一无二的彻底创新，跳出产品雷同的圈儿。

这套欧洲花艺名师架构创意系列图书，由浅入深，带你感受架构带来的创意魅力。设计师以其独特娴熟、却并不匠气的架构创作技法，让作品传情达意，顿添生活力。该书是下册，在上册的基础上，架构的应用更加灵活丰富。

目录 CONTENTS

欧洲花艺名师的创意奇思
创意架构作品制作解析

028 浮在餐桌上的银莲花
030 绚丽多姿的音符……
032 围在香蒲叶垫子中的银花莲
033 棕榈叶编织盘
034 烧焦木头的春日新生
036 春暖花开
038 柳絮枝条在毛皮圆筒边飞舞
040 丁香白云下的紫色小苍兰
042 布满青苔的春色绿枝
043 线条流畅的设计
044 走向光明的郁金香
045 羽毛簇拥着兰花
……

008 春 Spring

010 满园春色关不住
012 创意花箱
013 木兰枝头 花开蝴蝶
014 盛开着郁金香的自制栗树
016 大脚丫
017 花扇
018 南美水仙推动香蒲叶滚环
020 韵律游戏
022 清新的黄色春天
024 完美和谐的色彩搭配
026 鲜花波浪

095 天然鲜花碗
096 旋转的陀螺
098 奇异贝壳
099 繁盛鲜花装扮自制容器
100 绿扇
102 引人注目的红玫瑰
103 高抬式通透架构
104 环绕在通透明亮的架构中的球形花瓶
105 从白色藤条圈中向外偷窥的蓝色翠雀花
106 姹紫嫣红的螺旋卷须圈
108 植物波卡圆点花瓶
109 开满鲜花的圆锥花瓶
……

066 | 夏
Summer

068 布满圆点的朱蕉
070 生机盎然的植物吊灯
072 深情相拥的鲜花
074 缤纷彩盒中的斑斓春色
075 浸在浮萍中的芦苇
076 鲜花脸盆
078 水中花
079 热带清爽蓝
080 嬉戏池塘
082 漂浮在水面上的鲜花
084 正方形花束
086 挺拔直立的花束
088 圆形结构中的圆形花朵
090 缤纷多彩的花锥
092 用康乃馨花环装饰的水苏帽子
094 沙滩上的夏日风景

122 秋 *Autumn*

- 124　苹果花瓶
- 126　红玫瑰与凸出的果实
- 128　滑稽的青苹果
- 130　秋日之红
- 131　在玉兰叶的拥抱中安享惬意
- 132　律动起舞的鲜花与木块
- 134　鲜花盛开的彩纸筒

- 136　完美的色彩融和
- 137　焕然一新的菊花
- 138　色彩斑斓的花篮
- 140　天使之翼
- 141　天然豆荚花托
- 142　与众不同的檐状菌
- 144　迷你南瓜拉花
- 146　秋色花环
- 147　南瓜木偶
- 148　万圣夜晚会桌花
- 150　万带兰与南瓜
- 152　繁花盛开的黑色南瓜
- 154　装满玫瑰和菊花的玉米花篮
- 156　趣味十足的玉米
- 158　炽烈燃烧

……

目录 CONTENTS

创意架构作品制作解析

欧洲花艺名师的创意奇思

198 | 冬 *Winter*

- 200 植物花灯
- 202 冰枝上的冬日玫瑰
- 204 圆
- 206 光环环绕的大徽章
- 208 由冬日玫瑰和素馨打造的垂帘
- 209 原生态灯罩
- 210 多彩的冬日玫瑰与干枯枝材的鲜明对比
- 211 内部舒适，外部冰冷

- 212 黑色桤木果趣味花艺
- 214 枯荣对比
- 216 神秘莫测的光源
- 218 闪烁的植物灯
- 220 冰冷的钟乳石
- 222 植物冰花造型
- 224 创意冰柱
- 226 冰晶之中的贝母
- 228 蓬松的棉花与光滑的圣诞树挂件形成鲜明对比
- 230 冰霜效果
- 232 通透的编织物
- 234 哥特式花烛
- 235 编织架构
- 236 用红色重音渲染黑白对比
- 238 洁白无瑕的雪景
- 239 盛满白色花朵的自制托盘

……

春 / *Spring*

难度等级：★★☆☆☆

满园春色关不住

花艺设计 / 简·德瑞德

材料 *Flowers & Equipments*
观赏樱花、喷泉草、褪色柳、葡萄风信子、橙色玫瑰、白发藓、芭蕉树叶片
花泥、铁丝发夹、立方体玻璃容器

步骤 *How to make*

① 将苔藓覆盖在底座上，并用铁丝发夹固定好，打造出一个长满苔藓的基座。将立方体玻璃容器放置在基座上。

② 取一块花泥，将经漂白的芭蕉树叶片缠绕包裹在花泥四周，然后放入立方体容器中。将樱花、玫瑰以及褪色柳枝条插入花泥中。最后将若干葡萄风信子种球直接插入苔藓底座中。

难度等级：★★☆☆☆

创意花箱

花艺设计 / 希尔德·维赫勒

材料 *Flowers & Equipments*

木瓜海棠杂交种、郁金香
蛋壳、纸箱、带托盘花泥

步骤 *How to make*

① 在纸箱顶部切出开口。
② 将带托盘花泥放入纸箱中。
③ 将开花枝条以及郁金香鲜花插入花泥中，最后在花材底部放置一些蛋壳作为装饰。

难度等级: ★★★☆☆

木兰枝头 花开蝴蝶

花艺设计 / 尼科·坎特尔斯

材料 *Flowers & Equipments*
星花木兰、蝴蝶兰
绑扎线、表面粗糙的木横梁、钻孔机、鲜花营养管

步骤 *How to make*

① 取一根表面粗糙的木横梁,在上面钻几个孔,然后插入木兰树枝条,将枝条固定在横梁上。
② 根据需要在枝条间选取几个位置,用绑扎线扎紧并定位,以增强架构整体的强度和稳定性。
③ 将几支玻璃鲜花营养管固定在架构之间,然后将蝴蝶兰花枝插入营养管中。

难度等级：★★★☆☆

盛开着郁金香的自制栗树

花艺设计 / 菲利浦·巴斯

材料 *Flowers & Equipments*

欧洲七叶树（别称马栗树）树枝、郁金香（法国郁金香）
1.6m高的铁艺三脚架、褐色绑扎线、喷胶、盆栽用土壤、塑料小水管、绑扎钢丝

步骤 *How to make*

① 用钢丝将树枝绑在三脚架上，首先将粗粗的一束枝条放在中间，然后越往上，让枝条"向外伸展"得越宽。为了呈现出更好的效果，可以使用一些带自然弯曲的枝条，这样整个作品看起来更自然。

② 将盆栽用土壤晾干，将喷胶喷涂在塑料小水管的外壁，然后将小水管插入土壤中。这样小水管就被覆一层褐色的土壤，然后将褐色绑扎线绑在水管上，将水管与树枝固定在一起。

③ 接下来将郁金香插入小水管中，尽可能地呈现出活泼有趣的形态，同时将郁金香长长的花茎用绑扎线固定在树枝上。

难度等级：★★★☆☆

大脚丫

花艺设计 / 苏伦·范·莱尔

材料 *Flowers & Equipments*

啤酒花藤条、百合
2个圆形木块、2个塑料花泥碗、锈褐色粗花艺铁丝、钳子、细钻头的电钻、锤子

步骤 *How to make*

① 取两个圆形木块，在木块的一侧用电钻钻一些小孔，孔的数量应为奇数，孔的直径应比花艺铁丝略小。

② 将花艺铁丝切成若干小段，然后用钳子和锤子将这些小段铁丝深深地敲入木块上的小孔里。将带塑料托盘的花泥碗直接放置在这些花艺铁丝之间。

③ 将啤酒花藤条环绕花艺铁丝弯曲塑形，先打造出下方宽粗的造型，然后向上打造出较细的造型，直至呈现出所需的形态美观的造型。将藤条末端向内折叠，让造型更为整齐。

④ 将百合花插入花泥盘中。

难度等级：★★☆☆☆

花扇

花艺设计 / 伊凡·波尔曼

材料 *Flowers & Equipments*

苔藓、花毛茛、拟天冬草卷须枝条、穗菝葜
2个细长形状的托盘、扇子、花泥块、定位锚销

步骤 *How to make*

① 将花泥块切割成扇形，花泥顶面应比扇子的弧形顶边低约 3~4cm。将花泥楔入扇框内。用定位销钉将放置好花泥的扇形架构整体固定在托盘上。将花毛茛插入花泥中，花枝应排列紧密。如果感觉花枝不易插入干花泥，可以先用较粗壮的茎枝在干花泥表面戳一个小孔洞，例如可以使用玫瑰花的茎枝。

② 最后，将几枝拟天冬草枝条插入花泥中，让其自然垂下，同时在底盘内铺上一些苔藓，将基座装饰美观。

材料 *Flowers & Equipments*
南美水仙、香蒲叶
蛋糕块形花泥、胶带、定位针、圆环状
金属糕饼模

难度等级：★★☆☆☆

南美水仙推动香蒲叶滚环

花艺设计 / 盖特·帕蒂

步骤 How to make

① 用圆环状金属糕饼模将花泥块中间切掉，制作成环状。用香蒲叶片缠绕环状花泥，直至将整个花泥表面完全覆盖住，根据需要用定位针固定。

② 将装饰好的圆环放置在玻璃容器中，然后将一束南美水仙放置在容器中剩余的空间，让花束枝条自然伸展。

难度等级：★★★★☆

韵律游戏

花艺设计 / 莫尼克·范登·贝尔赫

步骤 *How to make*

① 用保鲜薄膜将植株包起来,并用胶带扎紧。用木板条制作成木条圈,将它们沿着木托盘纵向交错放置,并粘贴牢固。

② 将欧洲板栗树枝切割成小木段,然后堆放在木托盘表面,将盆栽堇菜脱盆后种植在由小木条圈组成的结构中,整个作品宛如一个漂亮的小花坛,呈现出优美而极富趣味性的韵律动感。

材料 *Flowers & Equipments*

橙褐色盆栽堇菜、欧洲板栗
木制托盘、木板条、木箱、两种颜色的毛毡、保鲜薄膜

难度等级：★★★☆☆

清新的黄色春天

花艺设计 / 娜塔莉亚·萨卡洛娃

材料 Flowers & Equipments

上一年度秋冬季采摘的欧洲山毛榉干树叶、欧洲榛树的细枝条、三色堇、木板、观赏草

1.6mm 的铁丝、绑扎线、冷固胶、透明小水管

步骤 How to make

① 用锤子将铁丝钉在木板上。然后在每根铁丝上串一大串干叶片。
② 为了防止叶片滑落至底部，在叶片刺入铁丝处涂上一点儿冷固胶。将所有叶片都串好，打造出一大片叶片层，然后取一根形态优美的欧洲榛树枝条，将它放置在铁丝丛中，并选取 2~3 个点，用绑扎线将树枝与铁丝绑在一起，这样树枝就牢牢固定在铁丝丛之中了。
③ 在叶片层之间插入几支透明小水管，同样也用绑扎线将它们与铁丝固定在一起。
④ 将水注入小水管中。插入三色堇花朵，最好挑选大花形品种，这样整个作品看起来更协调一致。
⑤ 最后，在整个架构中穿插一根干草枝，让整个作品富有轻盈动感。

难度等级：★★☆☆☆

完美和谐的色彩搭配

材料 *Flowers & Equipments*

淡橙粉色康乃馨、蓝色和粉色风信子、蓝色飞燕草、榛树卷曲的细枝条
带插针的支架、卵形花泥、细铁丝网、木签子、鹅蛋、胶枪

花艺设计 / 汤姆·德·王尔德

步骤 *How to make*

① 将细铁丝网包裹在卵形花泥的四周以增加其强度，然后将其放入水中完全浸泡，取出插在支架上。
② 将康乃馨和飞燕草插入花泥中。将鹅蛋打碎，用胶枪将木签粘在蛋壳内侧。然后将粘着木签的碎蛋壳直接插入花泥中。将卷曲的榛树枝条的末端插入花泥中，按着整个卵形架构的外轮廓整理枝条造型。
③ 最后，将风信子花枝分成单独的小茎枝，绑在铁丝上，然后插入卵形架构中。

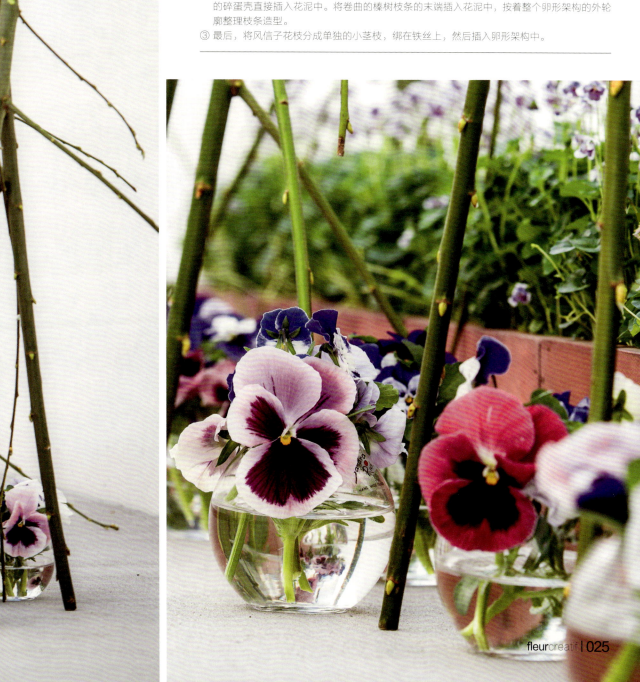

步骤 How to make

① 根据设计规划将框架弯曲折叠成波浪起伏的造型。
② 将金枝梾木枝条按制作好的造型排列，并用铁丝定位固定。将花泥放入框架中，并插入银莲花。
③ 最后，铺上黑色的鹅卵石作为装饰。

难度等级：★★★★☆

鲜花波浪

花艺设计 / 伊凡·波尔曼

> **材料** *Flowers & Equipments*
> 金枝椴木枝条、白色和蓝色的欧洲银莲花
> 矩形金属托盘、2个金属框架、黑色鹅卵石、花泥盒

难度等级：★★★★☆

浮在餐桌上的银莲花

花艺设计 / 伊尔丝·帕尔梅尔斯

步骤 How to make

① 用纸包绑扎线缠绕花艺铁丝，将其完全包裹。将装饰好的铁丝弯折成波浪状，然后与椰子壳固定在一起。将花泥放入架构中。

② 将澳洲米花分成若干小簇，分散放于整个架构中。将银莲花和大星芹插满花泥。

③ 最后，添加几枝铁线蕨作为装饰。

材料 Flowers & Equipments

椰子壳、欧洲银莲花、粉色澳洲米花、粉色大星芹、铁线蕨
纸包绑扎线、花艺专用铁丝、花泥

难度等级：★★★★☆

绚丽多姿的音符……

花艺设计 / 纳丁·范·阿克

材料 *Flowers & Equipments*

欧洲七叶树（别称马栗树）枝条、日本木瓜、淡粉色非洲菊、玫红色银莲花
带树皮的樱桃木搁板、古铜色和黑色的涂鸦喷绘涂料、电钻机、胶带、带小孔的玻璃鲜花营养管、黑色纸包绑扎线、2/3mm 深巧克力色小砾石

步骤 *How to make*

① 用胶带将樱桃树皮粘在一起。将树皮边缘喷涂成古铜色；静置晾干后再用胶带粘在一起。接下来将整个托盘表面喷涂成黑色。静置一夜，将整个架构晾干。
② 撕掉胶带。在木托盘上钻几个小孔。
③ 先将马栗树枝条插放在小孔里。然后将日本木瓜枝条插入玻璃鲜花营养管中，再插入打好的小孔中。
④ 修剪花枝；将非洲菊和银莲花插入鲜花营养管中，然后插放在树枝之间，打造出美丽迷人的视觉效果。在制作过程中，如需将材料绑扎在一起时，均使用黑色纸包绑扎线。最后，用小块砾石将木托盘上的孔洞填满，可以将这些小砾石随意在孔洞处堆成一些小石子堆。

难度等级：★★★★☆

围在香蒲叶垫子中的银花莲

花艺设计 / 温纳·克雷特

材料 *Flowers & Equipments*

欧洲银莲花、宽叶香蒲叶片（90-100片）
玻璃碗（长约40cm）、白色毛线

步骤 *How to make*

① 用香蒲叶编制成一块小垫子，将其放入一个矮型玻璃碗中并将位置固定。将小垫子顶部伸出的叶片折成美观漂亮的造型。用白色银莲花制作几个小花束，然后用白色毛线将花束缠绕包裹起来。

② 将水注入玻璃碗中，然后将银莲花小花束从顶部的香蒲叶片之间插入。

难度等级：★★★★☆

棕榈叶编织盘

花艺设计 / 苏伦·范·莱尔

材料 *Flowers & Equipments*
干苏铁小叶、黄色万带兰、伍氏兰、铁线莲、五叶地锦卷须枝条、带枝条的树干
粗铁丝、鲜花营养管

步骤 *How to make*

① 取质量好的粗铁丝，制作成圆环底座。
② 沿叶中脉将苏铁小叶片一切为二，然后将它们按花圆环底座编织成漂亮的小圆盘。静置，让叶片晾干。按此法制作两个编织圆盘。
③ 将两个小圆盘绑扎固定在树干上，将鲜花营养管绑扎在圆盘的背面，隐藏起来，然后将各式兰花以及植物卷须枝条插入这些小水管中，将整个圆盘架构装饰得美观漂亮。

fleurcreatif | 033

难度等级：★★☆☆☆

烧焦木头的
春日新生

花艺设计 / 莫尼克·范登·贝尔赫

材料 *Flowers & Equipments*

烧焦的木头、带有柔荑花序的柳枝、竹节蓼、欧洲银莲花
长方形玻璃小花瓶、木碗、煤气喷灯、钉枪

步骤 *How to make*

① 将木头劈成大小基本相同的小木块，用煤气喷灯将木块两侧熏黑。用钉枪将小木块钉在一起，打造出一个稳定的自立式结构，随后将其立于木碗中。
② 将长方形玻璃小花瓶固定在木块之间。将银莲花插入花瓶中，并添加一些小木块以保持花茎呈直立状态。
③ 将柳条垂直插入结构中。最后，加入几根竹节蓼枝条作为装饰。

难度等级：★★★★☆

春暖花开

花艺设计 / 约翰·范斯泰恩基斯特

材料 *Flowers & Equipments*

干诚实果（一年生缎花角果）、起绒草、鳞叶菊、常春藤、欧洲白蜡树、西洋梨、柳树、水仙、欧洲荚蒾、大戟、花毛茛
陶瓷托盘、花泥

步骤 *How to make*

① 将两个陶瓷托盘首尾相连放置在桌面上，每个托盘中放置一块花泥。将长满地衣的树枝搭放在两块花泥之间，将其连接成一整体。将粗树枝以及纤细的枝条水平放置在周围。

② 在展示干旱荒芜的冬景一侧，用秋季干落叶将枝条间的空隙填满。用干诚实果、干起绒草、灰色的鳞叶菊枝条以及常春藤装饰这个小方块花泥。

③ 从冬日的萧瑟寂静到生机勃发的绿色，展现出季节更替，迈向郁郁葱葱的春天。作品中使用了幼嫩的欧洲白蜡树枝条、洁白的梨花以及顶着花芽的柳枝来表现这一主题。能够唤起春意的植物元素还有：嫩芽卷起的蕨类植物、初次绽放的水仙花、花毛茛、欧洲荚蒾以及大戟。

难度等级：★★★★☆

柳絮枝条在毛皮圆筒边飞舞

花艺设计 / 斯特凡·范·贝罗

材料 Flowers & Equipments

柳条、海枣、蝴蝶兰、南美水仙、霸王凤、白花虎眼万年青、爱之蔓、马蹄莲

人造毛皮、黑色蛇叶、粗铁丝、铁丝网、2个黑色花瓶、塑料薄膜、鲜花营养管、黑色珍珠

步骤 How to make

① 用铁丝网制作一个圆柱体，将人造毛皮粘贴在其外表面。将几片蛇叶粘贴在圆柱体中间，同时保持顶部的铁丝网呈敞开状态。将干海枣粘贴在蛇叶上。

② 在两个黑色的花瓶里分别放置一束长铁丝，用开花柳枝将铁丝束环绕包围。将铁丝束顶部弯折作为支架，这样待用人造毛皮及鲜花将圆柱体装饰好后，就可以将其放置在铁丝支架上了。

③ 在花瓶里填满石子或沙子，使其具有足够的重量，这样才能支撑起整个架构。

④ 将用人造毛皮装饰好的圆柱体悬挂在折叠铁丝制成的支架上。在铁丝网上剪切出几个小洞，用塑料薄膜包裹好蝴蝶兰植株根部后，将其放入小洞中。

⑤ 将几支鲜花营养管插入铁丝网中，然后注入水并插入马蹄莲和白花虎眼万年青花枝。用南美水仙、马蹄莲、霸王凤叶片以及爱之蔓枝条打造出漂亮的线条图案。最后，点缀上几颗黑珍珠作为装饰。

难度等级：★★☆☆☆

丁香白云下的紫色小苍兰

花艺设计 / 纳丁·范·阿克

材料 *Flowers & Equipments*

白色早花丁香、蓝紫色小苍兰、树枝
木制容器、熟石膏、古铜色涂鸦喷绘涂料、大号和小号的玻璃鲜花营养管、算盘子干果实

步骤 *How to make*

① 将熟石膏加水稀释后倒入木制容器中，让石膏层顶面距离容器顶部边沿大约2cm。在石膏变硬之前，将准备好的小树枝插入石膏层中。
② 将木制容器和树枝架构均喷涂成古铜色。
③ 将算盘子干果实覆盖在容器表面。将大号玻璃鲜花营养管固定在靠近树枝的位置。将早花丁香枝条插入大号水管中，将位于花朵下方的丁香枝条用绑扎线系在一起。
④ 接下来，将小号玻璃鲜花营养管固定在容器中，将小苍兰花枝从高到低依次插入小水管中。

小贴士： 将丁香枝条末端垂直切开一个整齐干净的小切口，然后将枝条放入专用的鲜切花保鲜液中进行保鲜处理，第二天再取出，使用时将其插入鲜花营养管中。

难度等级：★★★☆☆

布满青苔的春色绿枝

花艺设计 / 亨德里克·奥利维尔

材料 *Flowers & Equipments*
布满青苔的枝条、波斯贝母、银莲花、风信子
藤条、冷固胶、绿色毛线

步骤 *How to make*

① 用布满青苔的树枝制作架构。将绿白色的波斯贝母以及银莲花插入架构中，打造出形态漂亮的花束。将细藤条弯折后固定在树枝之间，用冷固胶将风信子的小花朵粘在藤条的顶部。

② 用绿色毛线将所有花茎缠绕包裹，选取一只搭配协调的花瓶，将制作好的花束插入花瓶中。

难度等级：★★★☆☆

线条流畅的设计

花艺设计 / 伊凡·波尔曼

材料 *Flowers & Equipments*
绣球、玫瑰、野蔷薇枝条
花泥板、花瓶、结实的木棍

步骤 *How to make*

① 首先，将花泥板切割成楔形，每块楔形花泥的大小各不相同。将花泥放入水中浸湿。在每块花泥的尖端小心地插入一根木棍。用玫瑰和绣球花插满每块花泥。
② 将用鲜花装饰好的楔形花泥块插入花瓶中，再点缀几枝野蔷薇枝条。

难度等级：★★☆☆☆

走向光明的郁金香

花艺设计 / 伊凡·波尔曼

材料 *Flowers & Equipments*

欧洲七叶树（别称马栗树）枝条和幼苗、不同品种的郁金香
赤陶圆盘、花泥

步骤 *How to make*

首先，将花泥放入圆盘中并固定。然后插入欧洲七叶树枝条，接下来插入各式郁金香。最后，在作品底部周围撒上几颗栗子作为装饰。

难度等级：★★☆☆☆

羽毛簇拥着兰花

花艺设计 / 尼科·坎特尔斯

材料 *Flowers & Equipments*

玫粉色蝴蝶兰、星花木兰
聚苯乙烯泡沫塑料球、白色羽毛、带插针的金属支架、金属桌面用烛台、鲜花营养管

步骤 *How to make*

① 将一簇簇白色的羽毛用夹子固定在聚苯乙烯泡沫塑料球表面。
② 将用羽毛装饰好的球体插在带插针的金属支架上。将一个金属色桌面用烛台固定在球体顶部。
③ 将星花木兰枝条与球体连接在一起，让木兰枝条看起来像是从球体中生长并延伸出来。
④ 最后，将鲜花营养管放入架构中，注入水并插入蝴蝶兰。

难度等级：★★★☆☆

栗树花为淡粉色郁金香指引方向

花艺设计 / 克莱尔·考利尔

材料 *Flowers & Equipments*

欧洲七叶树（别称马栗树）开花枝条、郁金香、扁平苔藓
聚苯乙烯半球体、1只塑料杯、2个吸水花泥砖、毛毡、定位针、再生环保纸

步骤 *How to make*

① 将聚苯乙烯半球体切成圆环状。将再生环保纸撕成宽约1.5cm的小纸条。用定位针将这些小纸条固定圆环底座四周。将花泥放入塑料杯中，切掉花泥突出的边缘，用胶带将花泥和塑料杯绑在一起。

② 用一条毛毡条缠绕在吸水花泥砖周围，以免将圆环底座浸湿。将欧洲七叶树枝条末端斜剪，这样可提升枝条的吸水性以促进开花。将枝条倾斜放置，呈现出梯度，然后再插放郁金香花枝。最后将一些苔藓铺在花材底部，并用夹子固定。

难度等级：★★☆☆☆

倚靠在桦树枝条上的法国郁金香

花艺设计 / 朱莉·温妮斯特

步骤 How to make

① 将花泥放入长方形容器中，然后插入桦树枝条，枝条应紧密插满花泥。将法国郁金香插放在枝条之间。

② 最后，选用与整体色彩搭配协调的彩色小珠子铺在花材底部。

材料 Flowers & Equipments

郁金香、桦树（从花园中捡拾的桦树枝条）

花泥、白色长方形容器、与整体色彩搭配协调的彩色小珠子

难度等级: ★★☆☆☆

红色主角

花艺设计 / 赫尔曼·范·迪南特

材料 *Flowers & Equipments*
嚏根草、樱花枝条
铁丝、低沿碗、鲜花营养管

步骤 *How to make*

① 用铁丝制作一个水平插花基座,然后将其放入低沿矮型容器中,并注入水。用樱花枝条打造一个结实坚固的架构。
② 将嚏根草花枝插入鲜花营养管中,然后固定在架构间。

难度等级：★★★★☆

随风飘动的草

花艺设计 / 莫尼克·范登·贝尔赫

材料 Flowers & Equipments

粉色铁线莲、苔草、赖草、凌风草
莫尼克·范登·贝尔赫（Moniek Vanden Berghe）设计的橡胶花盆、长条状硬纸板、深褐色手工纸、双面胶带、花泥

步骤 How to make

① 将硬纸板或厚牛皮纸裁切成长条状。将苔草紧密缠绕在一个纸板条上，另一个则用赖草缠绕。草叶缠绕得应非常紧密，打造出两条色彩不同的草叶带。

② 将花泥塞入橡胶容器中（花泥顶面应位于容器边沿之下）。将用锈褐色苔草缠绕的草叶带环绕在容器外面，另一条绿色的草叶带则固定在容器内，注意放置时不要碰到花泥。

③ 将草插入花泥中，应从右至左顺序插入，打造出弯曲柔美且呈自然悬垂下来的形态。将铁线莲花枝直接插入容器中。

难度等级：★★★★☆

天然植物托盘

花艺设计 / 伊凡·波尔曼

材料 Flowers & Equipments
欧洲鹅耳枥、西洋梨枝条、堇菜
金属箱或木箱、双面胶胶带

步骤 How to make

① 用梨树树枝（西洋梨）搭建架构，用铁丝绑扎固定。
② 用双面胶将欧洲鹅耳枥叶片粘贴在托盘外表面。
③ 在托盘内放入盆栽基质，将打造好的树枝架构摆放在上面。
④ 接下来将堇菜植株种植在树枝之间。

难度等级：★★★☆☆

欢快的春天使者

花艺设计/汤姆·德·王尔德

> **材料** Flowers & Equipments
> 小型盆栽堇菜、薄木条
> 彩蛋、环状花泥、柔韧性好的硬纸板、
> 保鲜薄膜

步骤 How to make

① 将小木条粘贴在 8cm 高的硬纸板上。然后将两条涂有胶水的纸板条分别粘贴的环状花泥的内圈表面以及外圈表面。
② 接下来在这个自制的容器中铺上一层塑料薄膜。将小型盆栽堇菜脱盆后放置在容器中，最后摆放几枚彩蛋作为装饰。

难度等级：★★☆☆☆

用百合茎作为天然花枝支撑杆

花艺设计 / 凯西·康勒

材料 *Flowers & Equipments*

淡粉色郁金香、欧洲七叶树（别称马栗树）、早叶百合
聚苯乙烯泡沫塑料、绳子、冷固胶、大号定位针、扁平的碗形容器

步骤 *How to make*

① 用绳子将聚苯乙烯泡沫塑料圆环缠绕包裹，将马栗树枝条分成4~5份。切掉大号定位针的顶部，将其推至圆环底部，作为圆环的支撑脚。
② 用定位针和冷固胶将马栗树枝条固定在圆环内侧。将早叶百合插在圆环内圈中，作为支撑杆，然后插入郁金香花枝。

难度等级：★★★★☆

层面

花艺设计 / 费雷德·韦尔海格

材料 Flowers & Equipments

欧洲桤木薄木板、螺旋弯曲的欧榛枝条、东方嚏根草
花艺专用铁丝、粘土、长玻璃鲜花营养管、短玻璃鲜花营养管、胶枪、冷固胶、人造雪

步骤 How to make

① 取一块欧洲桤木薄木板，作为基座。在木板上打孔，插入长玻璃鲜花营养管，并用胶粘牢固定。
② 用粘土制作一块与薄木板形状相同的圆盘，烧制并上釉。将制作好的粘土圆盘放置在长玻璃鲜花营养管顶部，打造出在空中漂浮的效果。将较短的玻璃鲜花营养管用胶粘在粘土圆盘上，然后将东方嚏根草插入水管中，打造出一小片花毯造型。
③ 将欧榛枝条放置在不同高度的位置，让这些弯弯曲曲的枝条自然地盘绕在架构四周。
④ 摘下欧榛枝条上的柔荑花序，然后用胶将它们粘在花艺专用铁丝上，将铁丝插入架构中。
⑤ 最后，再撒上一些人造雪，作品完成。

难度等级：★★★☆☆

脆弱的平衡

花艺设计 / 伊尔丝·帕尔梅尔斯

材料 Flowers & Equipments

淡粉色婆婆纳、淡粉色风铃草、紫色洋桔梗、淡粉色补血草、木块、小号玻璃储水管、涂成锈棕色的钢板、热熔胶

步骤 How to make

① 用胶水将小木块粘在一起，然后将制作好的木块结构固定在锈棕色的钢板底座上。将小号玻璃储水管分散放于木块结构之间。将风铃草、洋桔梗以及补血草花枝插放在木结构之间的水管中。

② 最后，将婆婆纳的修长枝条穿过整个木结构后插入放置在钢板上的小水管中。

难度等级：★★★☆☆

干芭蕉叶与淡蜡粉色和谐搭配

花艺设计 / 简·德瑞德

步骤 How to make

① 用粗铁丝制作一个圆环，将细长的芭蕉叶条缠绕并覆盖在铁丝圆环上。可以用胶枪将它们粘牢固定。

② 挑选一个造型优美的花盆或碗形容器，塞入花泥，然后将用芭蕉叶装饰好的铁丝圆环放置在上面。将玫瑰、康乃馨以及洋桔梗插满花泥。

③ 最后，插入嘉兰花枝，营造趣味动感效果。

材料 Flowers & Equipments

浅粉橙色洋桔梗、浅粉色洋桔梗、粉色白边嘉兰、浅粉色玫瑰、浅绿色玫瑰、粉色康乃馨、芭蕉树叶
粗铁丝、胶枪、花泥、花盆 / 碗

难度等级：★★★☆☆

自制花瓶

花艺设计 / 尼科·坎特尔斯

材料 *Flowers & Equipments*

南美水仙、树枝、彩色薄木板条、圆柱形花瓶、双面胶、橡皮筋、拉菲草

步骤 *How to make*

① 将双面胶缠绕在圆柱形花瓶或玻璃花瓶的底部。将薄木板条垂直地粘在双面胶上。然后将长木板条横向编入垂直的木板条中。

② 可以将橡皮筋从顶部到底部套在花瓶上，以确保木板条在粘贴时能够保持垂直。

③ 将木板条的顶部用拉菲草绑在一起，然后将鲜花插入制作好的架构中，营造出富有趣味性、活泼灵动的氛围。

难度等级：★★★☆☆

别具一格的银莲花花瓶

花艺设计 / 简·德瑞德

材料 *Flowers & Equipments*

欧洲银莲花、多花素馨
木制托盘、绳子、黑色天鹅绒质地的枝条、圆锥体干花泥、花泥盒、螺丝、钉子、长定位针

步骤 *How to make*

① 用螺丝、钉子将黑色树枝固定在木托盘上。用粗绳将圆锥体花泥缠绕包裹，并用与绳子颜色相搭配的装饰定位针固定。用一根长钉子将装饰好的圆锥体花泥固定在长方形木盘上。在圆锥体干花泥上挖一个洞，将浸湿后的花泥放入洞中。

② 插放银莲花，用几枝多花素馨花枝将整个造型装饰得更精美雅致。在底部的托盘里放上一些鹌鹑蛋作为装饰。

难度等级：

粉色蓼杆花瓶

花艺设计 / 菲利浦·巴斯

> **材料** Flowers & Equipments
> 日本虎杖（蓼科植物）干茎杆、黑嚏根草、螺旋弯曲的垂柳枝条、玫红色郁金香、茉莉、香豌豆、紫红色喷漆、12只玻璃小水管、紫红色托盘、紫红色细沙、胶枪

① 将虎杖茎杆切成若干小段，然后将其喷涂成紫红色，将玻璃小水管插入茎杆中。将这些茎杆粘在托盘上。
② 首先插入垂柳枝条，这些蜿蜒向上的柳枝高高立于虎杖茎杆中，接下来再插入郁金香和嚏根草。然后用香豌豆枝条将空隙填满，最后插入柔软卷曲的茉莉枝条作为点缀。

难度等级：★★★☆☆

棕褐色和古铜色的自制架构

花艺设计 / 菲利浦·巴斯

材料 Flowers & Equipments
西洋梨枝条、冠花贝母、橙色花毛茛、橙色郁金香、蓝星花
铁丝框架、棕褐色藤包铁丝

步骤 How to make

① 用棕褐色藤包铁丝将整个铁丝框架完全缠绕起来，形成一个四周完全封闭的空间。
② 用梨树枝条打造出用来托住鲜花的托架。
③ 用冠花贝母和蓝星花制作花束。
④ 将郁金香插入左侧。将花毛茛花枝穿过整个架构，插放在右侧。

难度等级：★★★★☆

银莲花追逐光芒

花艺设计 / 斯汀·库维勒

步骤 *How to make*

① 将柳条插入木制圆盘，并用锤固定其背部。用胶枪将玻璃鲜花营养管粘在枝条之间，并随意摆放一些大叶藻枝叶。将欧洲银莲花以及欧洲芙蓉花枝分散插于枝条之间。
② 用鹌鹑蛋和羽毛装饰作品。

材料 *Flowers & Equipments*
胡桃木圆盘、去皮柳树枝条、大叶藻、淡绿色欧洲芙蓉、白色欧洲银莲花
鹌鹑蛋和羽毛、鲜花营养管

难度等级：★★★★☆

躺在山毛榉干树叶层上的荚蒾鲜花

花艺设计 / 娜塔莉亚·萨卡洛娃

步骤 How to make

① 选择带托盘的花泥作为基座。将托盘侧面喷涂成与山茱萸枝条相近的颜色。静置晾干。将山茱萸树枝（从树枝最宽的部分开始）剪成长度和直径相近的小枝条。

② 将这些山茱萸小枝条垂直放置在花泥（此时花泥仍然是干燥的）与托盘之间的空隙处，呈直线排列整齐。

③ 为了防止山茱萸小枝条倒伏，用彩色铁丝将它们绑扎固定在一起。

④ 用白色绝缘板切割出一块与花泥大小相同的长方形。在这块板材上画出两个大小不同的正方形。用锋利的刀具将这两个正方形切割下来。确保将这块长方形板材放置在花泥上时，其顶面不会高出四周插放的山茱萸小枝条。

⑤ 接下来，将毛毡裁剪成条状，将绿色花泥托盘的四周包裹起来，并用花艺定位针固定。

⑥ 将加工好的长方形板材放置在花泥上，特别留意不要触碰四周放置的山茱萸小枝条，为了将板材更牢固地固定在花泥上，可以在绝缘板的侧面选取2-3处，分两层横向插入几根小竹签，待板材定位好，将竹签突出的部分切掉。

⑦ 准备2块正方形的花泥，其形状与绝缘板上切出的两个正方形空间大小相同。将花泥用水浸湿，然后用塑料薄膜包起来。将它们放入长方形板材上的正方形空间内。

⑧ 绝缘板材上剩余的无花泥的部分，用天然褐色彩虹花泥板覆盖，用花泥钉连接并固定。

⑨ 接下来开始放置叶片并固定，将叶片按同一方向放置、覆盖在花泥表面，但是不要覆盖两个正方形花泥块的表面。整个基座的最外侧也要用叶片覆盖，用冷固胶将叶片粘贴在托盘的外表面。

⑩ 最后，用鲜花装饰基座。先将嚏根草插入鲜花营养管中，再插入花泥里，因为如果将这类花材的花茎直接插入花泥中，则花枝的观赏期不会持续太长时间。

材料 Flowers & Equipments
欧洲山毛榉树叶、山茱萸枝条、欧洲荚蒾、嚏根草
桌花专用花泥盒、绝缘板、彩色喷漆、毛毡、花艺定位针、装饰铁丝、彩虹花泥、花泥块、塑料薄膜、冷固胶、透明的鲜花营养管

夏/Summer

难度等级：★★★☆☆

布满圆点的朱蕉

花艺设计 / 温纳·克雷特

步骤 How to make

① 将花泥钉粘在木板上。然后将花泥浸湿后插放在木板上。在花泥外表面缠绕两圈双面胶。将一叶兰叶片剪切成长约 25cm 的小块。

② 然后将裁切好的小叶片粘贴在花泥外表面，用黑色定位针固定。粘贴时每片小叶片高出花泥顶边约 10cm，然后用剑山依次划过每片小叶片的突出部分，这样就能打造出一些精细的小叶穗，这些小叶穗能够迅速干燥，宛若一个个细小的小刀片，极富趣味性。接下来将各种鲜花插入花泥中。如果这些花茎较难直接插入花泥，可以先用粗壮的茎枝在花泥表面戳一个孔洞，例如可以使用玫瑰的花茎。

③ 将彩色花泥球切成两半，用冷固胶将其粘贴在底板上以及花泥块外表面，这样固定一叶兰，小叶片的黑色定位针就被遮挡住了。

材料 Flowers & Equipments

葡萄贝母、黄水仙、郁金香、橙黄色花毛茛、柳叶马利筋、一叶兰 20cm×20cm 的木板、15cm×15cm 的方形花泥块、本白色花泥球（2袋）、6个花泥钉以及花艺专用防水胶带、冷固胶、黑色定位针（长款）、双面胶、剑山

难度等级：★★★★★

生机盎然的植物吊灯

花艺设计 / 盖特·帕蒂

材料 *Flowers & Equipments*

酸浆、白色玫瑰、葡萄、竹竿
橡皮筋、尼龙扎带、小水瓶、银色卷轴
铁丝

步骤 *How to make*

① 用六根竹竿制作一个棱柱体。先用橡皮筋将三根竹竿连接成三角形并固定。再将另外三根竹竿分别连接在三个角上。
② 用尼龙扎带将制作好的棱柱体彼此相连，打造出一个结实、坚固的架构。将整个架构悬挂起来，用尼龙扎带将小水瓶系在架构上。
③ 将水注入小瓶中并插入玫瑰。
④ 将酸浆果和葡萄用银色细铁丝系好，然后悬挂于架构上。

难度等级：★★★☆☆

深情相拥的鲜花

花艺设计 / 简·德瑞德

材料 *Flowers & Equipments*
绿色菊花、淡红色和绿色绣球、
红色玫瑰
花泥板

步骤 *How to make*

① 用花泥块裁切出两块形态自然的蛇形花泥。
② 将鲜花插入蛇形花泥，花朵将花泥完全覆盖，选取适宜的花材，打造出从粉红色到亮绿色渐变的色彩效果。在每块花泥的末端将绣球花小花朵成簇状插放。逐渐加入绿色菊花，增强绿色调，这样两个蛇形花泥相对的两端都被紧密的绿色菊花填满。
③ 将一枝红玫瑰插在作品的中心。

难度等级：★★★☆☆

缤纷彩盒中的斑斓春色

花艺设计 / 莫尼克·范登·贝尔赫

步骤 How to make

① 用硬纸板为空利乐包装盒制作"盒套"。
② 将杂志彩页裁切成条状。将纸页条折叠，然后用胶将它们粘贴在"盒套"表面，拼接成各不相同的图案。
③ 同时，剪出几块硬纸板，每块纸板上放置两段粗铁丝以增强其强度，然后将一叶兰叶片裁切成条状，用冷固胶将叶片条粘贴在硬纸板上。
④ 将利乐包装盒放入"盒套"中，并注入水。接下来，将这些多姿多彩、美丽迷人的春季时令鲜花分别插放在三只盒子中，同时将用一叶兰叶片装饰好的硬纸板摆放在花枝间。

材料 Flowers & Equipments

紫色郁金香、重瓣橙色郁金香、花毛茛、堇菜、淫羊藿、黄水仙、蓝星花、嚏根草、淡绿色欧洲荚蒾、岩白菜、韭葱、花格贝母、葡萄贝母、蒲公英、一叶兰三只空利乐包装盒、旧杂志、硬纸板、粗铁丝、冷固胶、胶枪

难度等级：★★★☆☆

浸在浮萍中的芦苇

苏伦·范·莱尔

材料 Flowers & Equipments
浮萍、芦苇、小花唐菖蒲
玻璃圆盘、剑山、花艺专用防水胶

步骤 How to make

① 将剑山放置于玻璃圆盘中适宜的位置，用花艺专用防水胶粘牢固定。
② 将一束芦苇杆插入剑山中（成束插入）。
③ 将圆盘中注入水。最后将小花唐菖蒲插入芦苇束中，让浮萍在水面随意飘浮至圆盘边缘。

难度等级：★★☆☆☆

鲜花脸盆

花艺设计 / 夏琳·伯纳德

材料 Flowers & Equipments
百日草、黑心菊、万寿菊、菊蒿、蛇目菊、秋海棠、乔木绣球、野胡萝卜、旱金莲、矾根
环状花泥

步骤 How to make

① 根据碗形容器的大小，选择尺寸适宜的环状花泥。

② 将花泥浸湿。首先，将绣球花枝和矾根叶片插入花泥中。然后再插入其他各色鲜花，最后，将野胡萝卜花枝和旱金莲叶片点缀在花丛间。

难度等级：★☆☆☆☆

水中花

花艺设计 / 盖特·帕蒂

材料 *Flowers & Equipments*

白玫瑰花朵
藤条、钉枪

步骤 *How to make*

① 利用藤条的自然弯曲打造出曲线造型。将这些弯曲的藤条拼接在一起成花朵形状，用钉枪定位固定。
② 让玫瑰花朵漂浮在藤条之间。

难度等级：★★☆☆☆

热带清爽蓝

花艺设计 / 莫尼克·范登·贝尔赫

材料 Flowers & Equipments

白色芍药、蓝盆花、绣球、翠雀花、琉璃苣、白色玫瑰、香蒲
带底座的环状花泥、定位针、彩虹花泥、碗、剑山

步骤 How to make

① 将环状花泥浸湿。将彩虹花泥覆盖在环状花泥表面，确保彩虹花泥块之间间隔相等。用剑山将香蒲叶切割成纤细条状，然后将香蒲叶细条缠绕包裹彩虹花泥，并用定位针固定。将鲜花插入香蒲叶之间的花泥。

② 将碗放置在花环内，注入水，放置几朵鲜花，让它们漂浮在水面。

难度等级：★★☆☆☆

嬉戏池塘

花艺设计 / 玛丽亚·索菲亚·塔瓦雷斯
&马克·诺埃尔

材料 *Flowers & Equipments*

绿色菊花、淡粉色玫瑰、淡黄色洋桔梗、蕫菜、商陆浆果
栓皮栎树皮、花泥

步骤 *How to make*

将花泥浸湿，塞入栓皮栎树皮上的空洞中。将五颜六色的各种鲜花插入花泥中，打造出令人赏心悦目的景观。

难度等级：★☆☆☆☆

漂浮在水面上的鲜花

花艺设计 / 苏伦·范·莱尔

材料 Flowers & Equipments
花园玫瑰、大丽花、百日草、浮萍
水密箱

步骤 How to make

① 将方形黑色水密箱高低错落地放置在阳光充足的地方。将淡水注入箱中。放入浮萍以及一些漂亮迷人的夏季鲜花，让它们漂浮在水面上。

② 将花枝剪短，仅保留刚好位于花头之下的非常短小的一小段茎枝。

难度等级：★★★★☆

正方形花束

花艺设计 / 盖特·帕蒂

步骤 *How to make*

① 将柳条浸在水中使其变得更为柔软，取出后将其环绕在花托的手柄部位。
② 将柳条弯曲折叠，然后放入花瓶中。
③ 将北美白珠树叶片折叠，然后用夹子夹在花托外表面。
④ 重复此操作，将折叠后的叶片像贴瓷砖一样一片一片固定在花托外表面，直至花托被叶片完全覆盖。然后将各式鲜花插入花泥中。

材料 *Flowers & Equipments*

尼润石蒜、橙色玫瑰、北美白珠树、百日草、经漂白处理的柳枝
带花托的方形花泥、夹子、花瓶

难度等级：★★★★☆

挺拔直立的花束

花艺设计／苏伦·范·莱尔

材料 *Flowers & Equipments*

橙色嘉兰、宫灯百合、卷曲的铁线莲枝条、海枣纤维小枝条
2个方形花束花托（带花泥）、2个金属支架、胶枪、鲜花营养管、原木色绑扎线

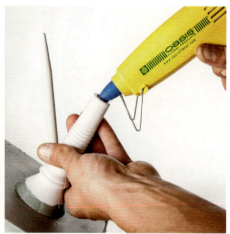

步骤 *How to make*

① 将花泥浸泡，让其缓慢而充分地吸收水分，然后在方形花束花托的手柄末端打一个小洞。

② 向小洞里挤入一些热熔胶，然后将手柄插入并固定到金属支架上。

③ 将一根根笔直的海枣纤维枝条粘贴在花托外侧。装饰尺寸较大的花托时，大多数小枝条与花托的粘贴点更靠上；相反，对于尺寸较小的花托，大多数小枝条的粘贴点应更靠下。确保所有的小枝条一根挨一根排列整齐。

④ 用防水胶带将几支鲜花营养管随意固定在架构中，将一些花材直接插入花泥，另一些花枝则插入营养管中。

难度等级：★★★★☆

圆形结构中的
圆形花朵

花艺设计 / 莫尼克·范登·贝尔赫

材料 *Flowers & Equipments*
橙色万带兰、马利筋、澳洲米花、蓝盆花、香豌豆、黑种草、马鞭草、旋花、沙枣树叶片 圆形花束花托、硬纸板、冷固胶、锥形塑料小水管、结实的手工纸、线绳

步骤 *How to make*

① 将硬纸板裁剪成长条状，长度与圆形花束花托的周长基本相同（可略长一点）。
② 将沙枣树叶片覆盖在硬纸板条表面（挑选的叶片越厚，所呈现出的效果越可爱）。
③ 用装饰好的硬纸板条将花束花托的硬质边沿覆盖，并用定位针固定，可以将定位针隐藏在叶片后面。
④ 用厚实的手工纸制作成圆锥形纸筒，然后将花托的手柄塞进去。将各式鲜花插满花泥，最后再点缀几缕柔软卷曲的旋花枝条。

难度等级：★★★★☆

缤纷多彩的花锥

花艺设计 / 汤姆·维霍夫斯塔特

材料 Flowers & Equipments

椰子壳、万带兰、铁线莲、补血草、佛肚树
金属棒、电钻机、插放万带兰的鲜花营养管、褐色古塔胶、褐色装饰细绳

步骤 How to make

① 在每一块椰子壳上钻一个小孔，将椰壳块从大到小一块挨一块地插入金属棒中，打造出呈圆锥状的造型。这些椰壳块一面呈凸状，一面呈凹形。将它们交替插入，首先将凸面朝下插入金属棒中，然后再将另一块的凹面朝下插入。这样，在这些小碎块之间就会留出一定的空间。
② 用褐色古塔胶将鲜花营养管缠绕包裹，然后用装饰线将它们与椰壳块固定在一起。
③ 最后，将鲜花均匀地插入营养管中。

fleurcreatif | 091

难度等级：★★★★☆

用康乃馨花环装饰的水苏帽子

花艺设计 / 尼科·坎特尔斯

材料 Flowers & Equipments

绵毛水苏叶片、紫红色康乃馨、白色绣球
冷固胶、环状花泥、聚苯乙烯泡沫塑料、花瓶、竹签

步骤 How to make

① 用聚苯乙烯泡沫塑料制作一个与花瓶相匹配的盖子，用冷固胶将绵毛水苏叶片粘贴覆盖在盖子表面。

② 将环状花泥固定在花瓶的顶部，并插入康乃馨，让花枝紧密地簇拥在一起，看起来就像是一个个漂亮的小花束。

③ 在用叶片装饰好的盖子上粘上一根竹签，然后将盖子插放在花泥之上。

④ 最后剪下一些绣球小花朵，插放在花丛中，让作品更加活泼有趣。

难度等级：★★☆☆☆

沙滩上的夏日风景

花艺设计 / 艾尔·乌伊尔斯泰克

> **材料** *Flowers & Equipments*
> 蓼、万带兰、玫瑰、蓝盆花、狭叶薰衣草、欧洲荚蒾、马蹄莲、非洲菊、观赏草
> 聚苯乙烯泡沫塑料、花泥、毛毡、贝壳、海星、沙子

步骤 *How to make*

① 切割一块聚苯乙烯泡沫塑料作为基座横梁，用毛毡缠绕包裹好。在横梁顶部中间切开一个凹槽，然后放入花泥。
② 首先插入蓼棒，然后再插入各式鲜花及观赏草。最后，将沙子、贝壳以及海星添加到作品中，作为装饰。

难度等级：★★☆☆☆

天然鲜花碗

花艺设计 / 卡拉·范海斯登

材料 *Flowers & Equipments*

金黄色的北美冬青挂果枝条、淡橙色玫瑰、粉红色簇状玫瑰、秋色叶片、椰子壳、扁平苔藓、花泥、用作碗形容器的椰子树叶片

步骤 *How to make*

① 将三根北美冬青树枝放置在叶片碗内，让枝条顺着碗的造型自然弯曲。将花泥的 2/3 部分放置在碗里。这样可以保持树枝平放。用扁平苔藓覆盖花泥。接下来，就可以插入各色玫瑰了。将玫瑰花枝直接插入花泥里，间或插入一些秋色叶片。

② 确保整个作品呈现出美观漂亮的曲线。最后，将一根北美冬青枝条搭放在花丛上。

难度等级：★★★☆☆

旋转的陀螺

花艺设计 / 夏琳·伯纳德

> **材料** *Flowers & Equipments*
> 旱金莲、蛇目菊、莳萝、小白菊、红花矾根、卫矛、美洲马兜铃
> 胶合板板条、橡木片、木工刨子、铁棒、环状花泥、热熔胶

步骤 *How to make*

① 用木工刨子沿纵向刮刨橡木片，然后将木刨花收集起来。
② 将胶合板加工成圆形，中间打孔并插入一根铁棒。用胶合板板条缠绕圆形板，打造出呈旋转陀螺的造型，同时留出足够的空间放置环状花泥。
③ 用热熔胶将木刨花粘贴在陀螺造型表面。
④ 最后，放入环状花泥，用各式鲜花将其装饰成漂亮的花环，然后将柔软的美洲马兜铃枝条环绕在花朵上，任其自然舞动。

难度等级：★★☆☆☆

奇异贝壳

花艺设计 / 迪尔克·德·格德

材料 Flowers & Equipments

万带兰、石斛兰、大星芹、用菩提树叶制成的红色叶脉叶、红花月桃（又名红山姜）、干椰树叶片白色的彩虹花泥、胶水

步骤 How to make

① 挑选形态漂亮的干椰树叶，将白色花泥粘在叶片中间。
② 将色彩缤纷、形态各异、充满异域风情的鲜花插入花泥中。不要随意插放花材，应设立一个虚拟原点，所有插入的花材均应汇聚于这个原点。

难度等级：★★★☆☆

繁盛鲜花装扮自制容器

花艺设计 / 斯特凡·范·贝罗

材料 *Flowers & Equipments*

须苞石竹、粉色迷你蝴蝶兰、鳞叶菊、粉色玫瑰、聚苯乙烯泡沫塑料球、藤条、胶枪、塑料薄膜、花泥

步骤 *How to make*

① 在聚苯乙烯泡沫塑料球体上切开一个洞，将藤条剪成条状，然后用热熔胶将它们粘贴在球体外表面。

② 先将塑料薄膜铺在球体内，然后再塞入花泥。将玫瑰分散插入花泥，然后再插入鳞叶菊枝条（从鳞叶菊植株上剪下枝条）。随后插入须苞石竹，确保石竹花枝能够将裸露的花泥完全覆盖。将兰花插入塑料鲜花营养管中，然后将它们分散插入花丛中。最后用冷固胶将几颗黑珍珠粘在花枝间，作为点缀。

③ 这件作品中所选用的三种颜色均为秋季流行色。

难度等级：★★★☆☆

绿扇

花艺设计 / 野田晴子

材料 Flowers & Equipments

欧洲矮棕叶片、紫色铁线莲、蓝紫色铁线莲、白色万带兰、一年生缎花（又名诚实花）果实

硬纸板、手工纸、壁纸胶、胶带、塑料薄膜、粗铁丝、鲜花营养管

步骤 How to make

① 裁剪出一大块硬纸板，将手工纸覆盖在上面，用来制作插花用瓶器。
② 用壁纸胶将干燥的缎花果实（诚实花角果）粘贴在装饰好的纸板表面。趁纸板仍略微潮湿时塑形。插花瓶器制作完成。
③ 取一块花泥，用塑料薄膜缠绕包裹并用胶带固定好。将花泥放入纸板瓶器内。
④ 将棕榈叶插入花泥中。
⑤ 接下来插入鲜花。

难度等级：★★☆☆☆

引人注目的红玫瑰

花艺设计 / 简·德瑞德

材料 *Flowers & Equipments*
红玫瑰和白玫瑰、葡萄叶铁线莲、
玫瑰果枝条、猴面包树果实
深型碗、花泥、花泥钉

步骤 *How to make*

① 将一块带有倾斜平面的花泥放入深型碗中，通过花泥钉固定。将白玫瑰插满花泥，在顶部留出一定的空间用来插放红玫瑰。
② 将一根粗壮的、涂成白色的铁线莲茎干盘绕在玫瑰花枝上方，为作品增添一种质朴的感觉。
③ 添加一些玫瑰果，将亮丽的色彩点缀其中，并赋予作品灵动感。
④ 最后，在作品底部加入一些猴面包树果实。

难度等级：★★★★☆

高抬式通透架构

花艺设计 / 赫尔曼·范·迪南特

材料 Flowers & Equipments

大阿米芹、蝴蝶兰、藿香蓟、欧白英、马鞭草、绣球藤、茼蒿绿色花艺专用铁丝、花瓶、古塔胶

步骤 How to make

① 将大阿米芹茎杆与绣球藤卷须枝条用花艺铁丝绑扎在一起制作基础架构，确保整个架构呈直立状态。
② 将所有准备好的花枝插放在装有水的小水瓶中。用古塔胶将小水瓶包裹。然后将这些花枝加入到架构中。

难度等级：★★☆☆☆

环绕在通透明亮的架构中的球形花瓶

花艺设计 / 盖特·帕蒂

材料 *Flowers & Equipments*
绣球、大波斯菊、西番莲卷须枝条
2个球形花瓶、扁藤条、绑扎铁丝

步骤 *How to make*
将藤条弯制成圆环形，然后用绑扎铁丝固定。用这些藤条圆环打造成一个可以放入花瓶的圆形架构。首先，将绣球插入花瓶中，然后加入大波斯菊以及一些西番莲卷须枝条。

难度等级：★★☆☆☆

从白色藤条圈中向外偷窥的蓝色翠雀花

花艺设计 / 康斯坦丁·华尔特

步骤 How to make

① 用白色藤条制作架构。用U形钉或热熔胶定位并固定。将制作好的架构环绕在一只球形花瓶外围，然后将鲜花塞入位于架构中间的花瓶中。最后在架构外点缀几朵小花朵，整件作品完成。

材料 Flowers & Equipments

天蓝色翠雀花
白色藤条

难度等级：★★★★☆

姹紫嫣红的螺旋卷须圈

花艺设计/苏伦·范·莱尔

材料 Flowers & Equipments

紫色铁线莲、淡紫色铁线莲、粉红色铁线莲、西番莲卷须枝条原木色宽藤条、木制横梁、订书机（电动订书机）、鲜花营养管、原木色绑扎线

步骤 How to make

① 取一根木制横梁（未涂漆）作为这个墙面花艺装饰品的基座。将宽藤条缠绕在木横梁上。用订书机将U形钉钉在藤条圈的背面，将藤条圈定位并固定。

② 将制作好的整个架构固定在墙面上。将绑扎线系在鲜花营养管上。将这些小水管插入架构中，上部插入数量多，然后向下逐渐减少，底部插入少量小水管。

③ 最后将漂亮美丽的铁线莲花朵连同西番莲卷须枝条一起插入小水管中。

难度等级：★★★☆☆

植物波卡圆点花瓶

花艺设计 / 简·德瑞德

材料 *Flowers & Equipments*
虞美人、螺旋卷曲的欧榛枝条、彩色法国梧桐果
花泥盘、胶枪、漏斗形花瓶

步骤 *How to make*

① 将一块干花泥切割成圆球型，然后在顶部中心部位切出一个敞口，以便可以放入花瓶。取一块干花泥，根据圆球形花泥顶部尺寸将其切割成一个中心开口的圆环形，并放置在球体顶部。

② 用胶枪将彩色梧桐果粘贴在整个球形底座的外表面以及顶部圆环的外侧。在花瓶顶部插放一根螺旋卷曲的欧榛树枝，然后将虞美人花枝自然、随意地插放在花瓶中。

难度等级：★☆☆☆☆

开满鲜花的圆锥花瓶

花艺设计 / 康斯坦丁·华尔特

材料 *Flowers & Equipments*
橙色大丽花、淡黄色月季、一叶兰叶片
花束花托（带花泥）、带支架的白色陶瓷小水管

步骤 *How to make*

① 将花泥浸湿，然后将花托连同花泥整体插入白色陶瓷小水管中。
② 接下来插入橙色花材，最后插入几片一叶兰叶片作为装饰。

难度等级：★★★☆☆

贝壳与浮木创意花艺

花艺设计 / 盖特·帕蒂

步骤 How to make

① 在浮木上等距离地钻一些小孔，用线绳将这些浮木树枝串在一起（将线绳从小孔中反复穿入几次，连接牢固）。打造出一个可以放置花泥盒的自支撑结构。
② 将贝壳粘贴到结构中，然后将鲜花插入花泥盒里。

材料 Flowers & Equipments
硬叶蓝刺头、蓝盆花、柳枝稷
贝壳、浮木、线绳、桌花设计花泥盒、胶枪、钻孔机

难度等级：★★☆☆☆

纯天然虎杖棒花瓶

花艺设计 / 康斯坦丁·华尔特

材料 *Flowers & Equipments*
橙色和粉色百合、虎杖（枝条）
圆形花泥碟

步骤 How to make

① 取一些虎杖枝条，将其切割成长度适宜的小段。
② 用花艺小刀在每段枝条底部刻一个小切口。接下来，将这些虎杖枝条插放在花泥碟上，把枝条段底部的小切口直接插入花泥碟的托盘边沿，这样就可以将白色的托盘完全遮挡起来了。然后将百合花与一些虎杖枝条一起插放在花泥碟中间。

难度等级：★★★★☆

盛满海洋之果的花瓶

花艺设计 / 希尔德·维赫勒

材料 Flowers & Equipments

翠雀花、蓝盆花、柳枝稷
各式各样的贝壳 / 海星、聚苯乙烯泡沫塑料块

步骤 How to make

① 用聚苯乙烯泡沫塑料制作底座，将贝壳粘贴在底座四周外表面，让它们比底座顶部略微高出一点。
② 将花泥浸湿，用塑料薄膜将四周缠绕包裹，然后放在底座顶部，让花泥的顶面几乎与贝壳顶面等高。
③ 将各式鲜花和观赏草垂直插入花泥中，所有花材呈平行排列。最后，在花泥表面放上一些贝壳作为装饰。

难度等级：★★☆☆☆

花与形的和谐旋律

花艺设计／夏琳·伯纳德

材料 *Flowers & Equipments*

嚏根草、朱蕉
白色方形托盘、白色和紫红色的手工纸、
绳子、木垫圈、花泥、花泥钉、修正带、
胶水管、鲜花营养管、U形钉

步骤 *How to make*

① 首先，将花泥修整裁切，然后将花泥块组合在一起，打造出一个比方形托盘略微小一些的正方体，作为作品的基底。用花泥钉和花艺专用防水胶将正方体花泥固定在托盘上。将朱蕉叶片覆盖包裹在花泥四周，并用定位针固定。

② 然后用绳子制作几个大小不同的螺旋绳圈，用U形钉将这些绳圈固定在花泥上。

③ 用白色手工纸剪出几片花瓣，将五片花瓣环绕着一根铁丝粘在一起，制作出一朵纸花。用手撕下一条紫红色的手工纸，然后卷起来，粘贴在纸花中心，作为花心。

④ 用U形钉将事先加工好的木垫圈固定在花泥上。

⑤ 最后，将嚏根草插入鲜花营养管中，然后插放在花泥上。

难度等级：★★★☆☆

手工花瓶

花艺设计 / 丽塔·范·甘斯贝克

> **材料** *Flowers & Equipments*
>
> 芒草、柳枝、绣球、蓝盆花、百子莲、白色大阿米芹
> 贝壳（竹蛏壳）、硬纸板（前面：高20cm，宽16cm；侧面：高16cm，宽6cm）、蓝色涂料、小号桌花设计花泥盒、双面胶胶带、修枝剪、剪刀、花艺小刀、胶枪和胶棒

步骤 *How to make*

① 用双面胶将一对正方形小号桌花花泥盒粘在一起。用热熔胶将小树枝和竹蛏壳粘贴在硬纸板上。将装饰好的硬纸板粘在花泥盒正面外侧，然后将花材插入花泥中。用胶将同样装饰好的硬纸板粘在花泥盒背面，将小块硬纸板粘在花泥盒的两个侧面。

② 这件夏季桌花作品极为简洁。可以重复制作几个相同主题的作品并摆放在一起，将"静物"画面的氛围感烘托得更加强烈。

难度等级：★★☆☆☆

装满鲜花的纸盒

花艺设计 / 希尔德·弗赫勒

材料 *Flowers & Equipments*

粉色玫瑰、淡粉色—白色玫瑰、橙色玫瑰、红色玫瑰、不同品种的大丽花、火龙珠、葡萄叶
聚苯乙烯泡沫塑料块、花泥、手工纸

步骤 *How to make*

① 将手工纸包裹覆盖在聚苯乙烯泡沫塑料块表面，用壁纸胶粘牢，制作出一个精美漂亮的盒子。将花泥放置在盒子的敞口处，插入各式花材，打造出彼得迈耶风格的插花作品。最后点缀几片葡萄叶。
② 将制作好的鲜花盒子放在支架上，这样盒子会微微摆动。

难度等级：★★☆☆☆

插满玫瑰花和玫瑰果的画框

花艺设计/伊凡·波尔曼

步骤 How to make

① 将黄栌叶片修剪成正方形。用双面胶将这些小方块粘贴在画框内的背板上。
② 用粗铁丝将花泥绑在画框上。
③ 将花材插入花泥中。

材料 Flowers & Equipments

黄栌树叶、玫瑰果以及簇状花卉玫瑰、绣球
长方形或方形画框、花泥、双面胶、粗铁丝

难度等级：★★★★☆

点缀着几朵万带兰的菜豆画

花艺设计 / 拉尼·加勒

材料 *Flowers & Equipments*

菜豆、南欧紫荆的豆荚状果实、刺槐、橙色万带兰、桦树皮
画布、胶枪、鲜花营养管、鲜花保鲜液

步骤 *How to make*

① 用热熔胶将小树皮片粘贴在画布上。留下两个敞口用来放置菜豆。将菜豆粘贴在两个敞口中。
② 将迷你鲜花营养管粘贴至菜豆之间。将水注入营养管中，然后插入鲜花。

秋 / Autumn

难度等级：★★★☆☆

苹果花瓶

花艺设计 / 迪特尔·韦尔库特维

材料 *Flowers & Equipments*
苹果、粉色非洲菊、玫瑰果
玻璃水管、圆形木块

步骤 *How to make*

① 在圆形木块上钻一个可以插入玻璃水管的洞。
② 用苹果去核器垂直穿过苹果，在苹果上钻一个洞。将玻璃水管插入木圆盘上的洞中，并用胶粘牢固定，然后依次将苹果从水管上穿入并滑下。
③ 将水注入玻璃水管中，将鲜花插入自制的苹果花瓶中。

> **材料** *Flowers & Equipments*
>
> 粗糙的枇杷树树皮、北美海棠果实、覆盆子叶片、原木、红色大花玫瑰绑扎线、长方形带托盘花泥、手撕小纸条、金属构架、喷漆、聚苯乙烯泡沫塑料球、冷固胶或防水胶、尖头鲜花营养管

难度等级：★★★☆☆

红玫瑰与凸出的果实

花艺设计 / 莫尼克·范登·贝尔赫

步骤 How to make

① 准备几只聚苯乙烯泡沫塑料球，先将覆盆子叶片粘贴在球体表面（粘贴时将叶色较深的一面朝上）。
② 静置一会，粘贴在球体表面的叶色会变成灰棕色。
③ 将天然枇杷树树皮放入水中浸泡一小时。按照所设计的造型制作金属架构。
④ 将基础架构喷涂成尽可能接近天然枇杷树树皮的颜色。待架构晾干后将其放置在原木块上。将潮湿的枇杷树树皮按一定角度绑扎在架构上。
⑤ 为了确保作品美观一致，请使用原木色绑扎线。将覆盆子叶片球固定在架构中（在球体上打一个小孔，穿入一段绑扎线，并用胶粘牢，然后将绑扎线系在架构上，这样球体就被固定住了）。
⑥ 将北美海棠挂果枝条垂直固定在架构上，枝条之间彼此保持平行。用双面胶将白色包装纸粘贴在花泥托盘的外表面。将花泥托盘放置在金属架构的支撑脚之间。将个头儿较大的苹果用绑扎线固定在架构上。
⑦ 用拉菲草将尖头鲜花营养管缠绕包裹，将玫瑰花枝插入营养管中，然后将营养管固定在架构上。剩余的玫瑰以及覆盆子叶片球等材料，一并插入花泥中。

难度等级：★★★☆☆

滑稽的青苹果

花艺设计 / 斯特凡·范·贝罗

材料 *Flowers & Equipments*

若干小青苹果、1个大青苹果、欧洲鹅耳枥
木板，木条、钉子、毛线、冷固胶

步骤 How to make

① 取一块木板（例如从货箱上拆下的一块木板）。所挑选的木板看起来越显得历经风吹日晒，呈现出的视觉效果就会越出色。
② 在木板的一端切出一个半拱门造型。将不同尺寸的钉子钉入木板顶部，钉子之间的间距大致相等。
③ 将毛线在钉子之间穿插编织。
④ 在方形木条上钉入4根长钉子，将木板放入长钉子之间并向下滑至木条顶部。根据你打算固定在木板上的材料重量，移动木板和下方的木条，确保整体架构保持良好的平衡状态。
⑤ 用冷固胶将小苹果固定在钉子上。将缠绕着铁丝的小木棍放置在木板的拱形切口处，并将小木棍上的铁丝绕在木板上，这样小木棍就牢牢地固定在木板上了。木棍和铁丝聚拢在一起成一根粗主干。接下来将粗铁丝分开成托架状，这样就可以将大苹果放在上面了。
⑥ 用黑色装饰线将粗铁丝全部缠绕包裹，打造出一棵托着一只大苹果的铁丝树。
⑦ 将一些欧洲鹅耳枥干叶片挂在铁丝树枝上；最后，在木板的切口处也铺上一些鹅耳枥干叶片，将其装饰得更美观漂亮。

难度等级：★★★★☆

秋日之红

花艺设计 / 汤姆·费尔霍夫施塔特

> **材料** *Flowers & Equipments*
> 红色绿心玫瑰、箣竹
> 框架、玻璃纸、冷固胶、花泥、窗帘杆

步骤 *How to make*

① 用透明窗帘杆制作一个框架，用玻璃纸覆盖。
② 将小竹竿段用胶粘在一起，拼出一个心仪漂亮的图案。
③ 将小竹竿段拼图用冷固胶粘牢固定在框架外表面。在制作好的三角形框架内侧铺上一层塑料膜，随后将浸湿后的花泥放入其中。
④ 将玫瑰茎枝斜切，然后插入花泥中，完成整个作品。

难度等级：★★★☆☆

在玉兰叶的拥抱中安享惬意

花艺设计 / 伊凡·波尔曼

材料 Flowers & Equipments
荷花玉兰叶片、茵芋、不同类型的玫瑰、素馨卷须枝条
方形板、环保花泥

步骤 How to make

① 将花泥放置在方形板的外侧，然后将内部空间切割成圆形。接下来将准备好的颜色不同、花形各异的玫瑰花以及茵芋插入花泥中。

② 用U形钉和胶水（冷固胶）将玉兰叶片粘贴在花泥外表面。粘好第一层叶片后再覆盖上第二层叶片，这样就将U形钉遮挡起来了。

③ 去掉素馨卷须枝条上的全部叶片，然后将这些卷曲的小枝条搭放的花材之中。

材料 *Flowers & Equipments*
各式红色系玫瑰、覆盆子叶片、电灯花
木板、立方体木块、木块、胶枪、小号塑料花泥碗

难度等级：★★★☆☆

花艺设计／莫尼克·范登·贝尔赫

律动起舞的鲜花与木块

步骤 *How to make*

① 将正方形小木块和立方体小木块交替粘贴在矩形长木板上，呈现出不规则律动的艺术效果。将塑料花泥碗塞入小木块之间，然后插入各式玫瑰。最后，在花丛间搭放几片覆盆子叶片和几枝电灯花藤条。

② 花泥碗的侧边需用与木块颜色相同的薄木片覆盖。

难度等级：★★★★☆

鲜花盛开的彩纸筒

花艺设计 / 盖特·帕蒂

步骤 How to make

① 运用巧妙的粘接技术，将大约 20 张彩色包装纸用胶粘接成小纸筒，打造出基础底座，同时用薄木板粘贴在纸筒的背面，将其加固后以便可以直接悬挂在墙面上。

② 将不同色彩和尺寸的纸筒悬挂在墙面，形成富于变化的组合。将水注入带盖的鲜花营养管中，每支营养管插入一枝鲜花。然后将鲜花随意地插入纸筒中，完成整个作品。

材料 Flowers & Equipments

大丽花、百日草、尾穗苋
不同颜色的包装纸、胶棒、带盖的鲜花营养管、薄木板

难度等级：★★★☆☆

完美的色彩融和

花艺设计 / 弗勒·德瓦尔斯基

> **材料** *Flowers & Equipments*
> 大丽花、蜡菊
> 带托盘的蛋糕状花泥、塑料薄膜、不同颜色的手工纸、带支脚的蛋糕托盘、花艺专用绑扎铁丝

步骤 *How to make*

① 用塑料薄膜将蛋糕状花泥的底部和四周包起来。将手工纸折叠成类似手风琴风箱的造型，并用花艺专用铁丝将不同颜色的折纸穿在一起。将花泥浸湿，将制作好的手工纸造型环绕包裹在蛋糕状花泥的四周，并固定。最后，将粉红色的大丽花和蜡菊插放在花泥顶部。

② 将制作好的"鲜花蛋糕"放置在带支脚的蛋糕托盘上。

难度等级：★★☆☆☆

焕然一新的菊花

花艺设计 / 伊凡·波尔曼

材料 Flowers & Equipments

木蝴蝶果实、乳黄色菊花、粉色康乃馨、绣球、朱蕉叶片
45cm×19cm 花泥盒（带花泥）、铁丝、长花泥钉

步骤 How to make

① 将花泥浸湿。首先，用粗铁丝或长花泥钉将木蝴蝶果实固定在花泥盒中。然后将各式鲜花插入果实之间。

② 最后用朱蕉叶片（漂亮的紫红色叶片）进行装饰。

难度等级：★★★★☆

色彩斑斓的花篮

花艺设计 / 莫尼克·范登·贝尔赫

> **材料 Flowers & Equipments**
>
> 大丽花、西洋接骨木、旱金莲、覆盆子、长生草、粉色玫瑰、淡橙色玫瑰
> 热熔胶（胶枪）、木棒、与花材颜色相搭配、色彩变化和谐的各色包装纸、鲜花营养管、铁丝

步骤 How to make

① 将各色包装纸裁切成12cm长的小纸条,预计一圈完整的架构会用62层纸。
② 接下来,将这些纸条用胶粘接在一起,制作成像蜂窝一样的结构。粘接方法:将第一层纸条与第二层纸条的两端用胶水粘在一起,然后分别在左边和右边用胶水粘贴下一层纸条,粘接点为纸条中间,然后再分别在左右两边粘贴下一层纸条,粘接点为两端,以此类推。所有纸条都粘接在一起后,将整条纸拉花的首尾两端连接在一起,并用胶粘牢,形成一个圆形结构。
③ 接下来,将制作好的纸圆环放置在金属圈上,可以按一正一反两种不同的方向放置,打造出两种不同的纸圈架构。
④ 用铁丝缠绕鲜花营养管,确保铁丝牢牢地绕在营养管外周。这些铁丝就是我们为营养管打造的坚固的"支撑腿",通过它们可以直接将营养管悬挂在纸层边沿。将水注入鲜花营养管中,然后插入各式鲜花。最后插放一些挂有浆果的小枝条,作为点缀。

难度等级：★★☆☆☆

天使之翼

花艺设计 / 瑞金·莫特曼

材料 *Flowers & Equipments*
绿色桑蒂尼菊花、粉红色康乃馨
天使之翼造型花泥、毛毡

步骤 *How to make*

① 首先，用毛毡装饰天使之翼造型花泥的外框。

② 经过一番装饰后，两块造型花泥展现出温暖柔和、似孩童般浪漫天真的感觉。将绿色菊花插满这两个美丽迷人的翅膀，然后插入几枝粉红色康乃馨，以增强整个作品的视觉冲击力。

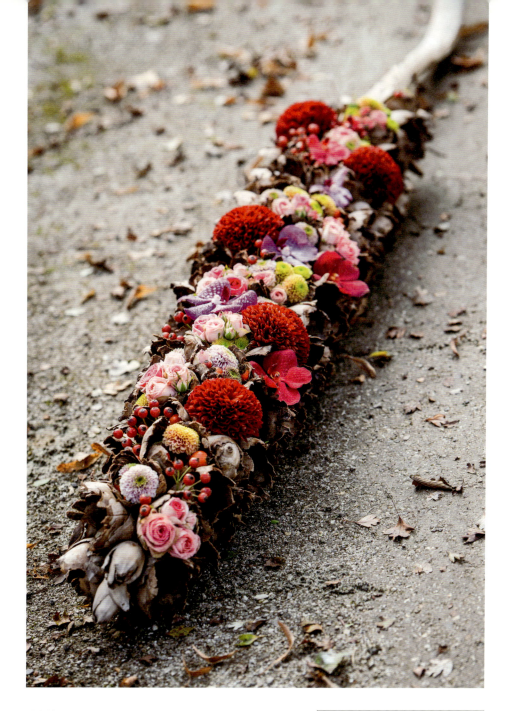

难度等级: ★★☆☆☆

天然豆荚花托

花艺设计 / 菲利浦·巴斯

材料 *Flowers & Equipments*

粉色簇状玫瑰、红色菊花、淡粉色菊花、淡黄色菊花、粉色万带兰、玫瑰果枝条
1个可可果荚棒、花泥

步骤 *How to make*

在每一个开口的可可果荚内都塞入一小块花泥。接下来将花材随意地插入花泥中,确保花枝高度不要过于突出。仅让万带兰茎枝和菊花茎枝高出果荚表面,呈现出悬浮在果实之上的视觉效果。

难度等级：★★☆☆☆

与众不同的檐状菌

花艺设计 / 卡拉·范海斯登

步骤 *How to make*

① 首先，将羊毛紧紧缠绕在聚苯乙烯泡沫塑料圆环上。确保缠上羊毛后的圆环与碗的大小基本相同。
② 然后将花泥塞入碗中，并在上面铺一层扁平苔藓。
③ 将圆环的一半搭放在碗上。在露出花泥的一侧插入各式蘑菇以及秋色叶片，然后搭配玫瑰花，呈现出蘑菇与玫瑰一起绽放的效果。
④ 最后，在羊毛圈上插入几株蘑菇，并用玫瑰、秋色叶片以及一些小型蘑菇填满圆环中部的空间。

材料 *Flowers & Equipments*

淡橙色玫瑰、簇状玫瑰、扁平苔藓、秋色叶片
白色羊毛、扁平环状聚苯乙烯泡沫塑料、花泥、干羊肚菌、碗

难度等级：★★☆☆☆

材料 *Flowers & Equipments*

仙客来
金属支架、椰子壳、花泥

步骤 *How to make*

① 用钻头在椰子壳上钻几个小洞。将一片椰子壳插在插针上，并向下滑至支架底部，然后在上面放置一块花泥。
② 重复此操作，将椰壳依次水平插入支架上。最后，插放仙客来，将整个架构装饰得精美漂亮。

难度等级：★★★☆☆

迷你南瓜拉花

花艺设计／斯汀·库维勒

材料 *Flowers & Equipments*

橙色的桑皮纤维、大花型和小花型橙色玫瑰永生花、迷你南瓜 直径30cm的柚木球、藤包铁丝

步骤 *How to make*

① 将几枚小钉子钉入柚木球里。将藤包铁丝弯折扭曲，打造出一条悬垂蔓延的水滴串。
② 将迷你南瓜楔入藤包铁丝之间。
③ 最后将不同尺寸的桑皮纤维块，以及花形、大小各异的玫瑰永生花粘贴在水滴串上，打造出一条美丽迷人的拉花。

难度等级：★★★☆☆

秋色花环

花艺设计 / 戴夫·范·里特

> **材料** *Flowers & Equipments*
> 小南瓜、淡粉色花瓣、绿花心的菊花
> 4条长度相同的麻绳（长度为120cm）、原木色绑扎线、3个花泥球、花艺小刀

步骤 *How to make*

① 用绑扎线将四根绳子绑在一起。在顶部打一个圆环，以便将拉花悬挂。
② 将小南瓜以及花泥球交替楔在绳子之间。
③ 将淡粉色绿花心的菊花插入花泥球中。

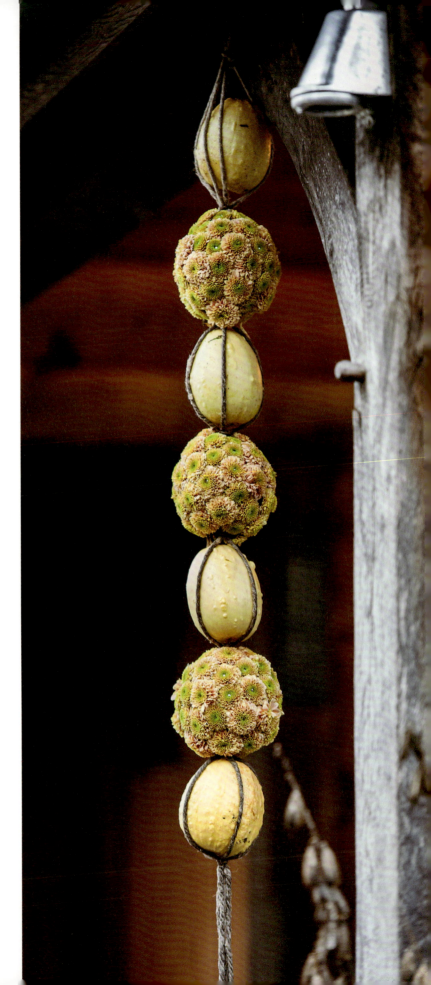

难度等级：★★★☆☆

南瓜木偶

花艺设计 / 简·德瑞德

> **材料 Flowers & Equipments**
> 南瓜、兜兰、薄木板
> 孔雀羽毛、铁丝、绑扎线、U形钉、鲜花营养管

步骤 How to make

① 将南瓜上穿入两根结实的铁丝，打造出南瓜串。将每串南瓜串底部的两根铁丝分开，并用绑扎线将其缠绕包裹，打造出支架。用U形钉将南瓜串固定在木板上。
② 在每个南瓜里插入一根鲜花营养管，然后将兜兰花枝插入营养管中。
③ 在每串似木偶般的南瓜串顶部插入孔雀羽毛，为这一串串提线木偶打造出"眼睛"。

难度等级：★★☆☆☆

万圣夜晚会桌花

花艺设计 / 维基·万甘佩莱尔

材料 *Flowers & Equipments*

宫灯百合、大戟、不同尺寸的刺槐圆木板、干树枝、小南瓜
电钻、粉笔涂料、花泥盒、橙色毛线

步骤 *How to make*

① 用刺槐薄木圆盘打造装饰桌花的基座。在木圆盘上钻一些小孔，这样就可以将干树枝（枝桠）楔入到木盘中。
② 最好使用已经干透的树枝，因为如果将新鲜的树枝插入小孔，待枝条干燥以后会收缩，造成枝条与小孔间出现缝隙，极有可能会翻倒。
③ 将小南瓜放置在木圆盘上。在其中一些南瓜表面刷上一层粉笔涂料。
④ 将花泥盒放置在其中最大的一块圆盘上。
⑤ 将鲜花插入花泥中：宫灯百合以及精致的大戟花枝，与小南瓜搭配在一起，呈现出鲜明的视觉对比。
⑥ 将浅橙色毛线在树枝间穿插编入，将所有的材料连接起来，呈现出良好的整体性。

难度等级：★★★☆☆

万带兰与南瓜

花艺设计 / 莫尼克·范登·贝尔赫

材料 Flowers & Equipments

印度南瓜、银白杨叶片、鳞叶菊、
白色万带兰、橙色万带兰
铝线、细麻绳、小号鲜花营养管、薄绝
缘板、冷固胶、胶带

步骤 How to make

① 在绝缘板表面涂上冷固胶，用杨树叶覆盖。剪出几段长长的铝线，并用细绳将它们缠绕包裹。将这些铝线弯折成波浪形状并固定在绝缘板上。这些铝线造型用来将南瓜定位。

② 用胶带将鲜花营养管固定在绝缘板上，并用白杨树叶将这些小水管包裹覆盖，以装扮隐藏起来。

③ 选取两种不同品种的万带兰，将花朵插入营养管中。

难度等级：★★☆☆☆

繁花盛开的黑色南瓜

花艺设计 / 伊凡·波尔曼

材料 *Flowers & Equipments*
南瓜、南蛇藤
大号托盘、大号粗铁丝、黑色喷绘涂料、电钻

步骤 *How to make*

① 将南瓜表面喷涂成黑色。用电钻在每个南瓜上钻孔，并将南蛇藤枝条插入孔洞中。
② 用大号粗铁丝将南瓜连接在一起。将这些南瓜摆放在托盘中。

难度等级：★★☆☆☆

装满玫瑰和菊花的玉米花篮

花艺设计 / 简·德瑞德

材料 *Flowers & Equipments*
迷你玉米棒、玫红色带黄边菊花、
红玫瑰、大戟
花泥、聚苯乙烯泡沫塑料半球体

步骤 *How to make*

① 将迷你玉米棒切成两半，然后将铁丝刺入棒芯中，再固定到聚苯乙烯泡沫塑料半球体外表面，从球体顶部至球体底部，将玉米棒环绕整个半球体放置。直至将整个半球体完全覆盖。
② 将花泥塞入半球体中间的空间。接下来开始插花，将红玫瑰与呈蜘蛛状的菊花交替插放。
③ 最后，加入几枝大戟，整个作品完成。

难度等级：★★★★☆

趣味十足的玉米

花艺设计 / 维基·万甘佩莱尔

材料 Flowers & Equipments

千虎杖茎杆、草莓玉米、橙色菊花、金黄色菊花、西番莲枝条
木制容器、花泥、半球形花泥、两个球形花泥

步骤 How to make

① 将花泥放入木制容器中。将虎杖茎杆插入花泥中。
② 将虎杖茎杆覆盖粘贴在容器外面。将半球形花泥放入容器中，打造出高低错落的景观，让作品呈现出层次感。
③ 用两种不同颜色和花形的菊花装饰半球体，将花枝紧密地插入花泥中。
④ 将两个球形花泥插在更高的虎杖茎杆上，用桑蒂尼菊花将它们装扮。
⑤ 这样打造出了层次分明、高低错落有致的花艺景观，在添加了装饰玉米后，营造出了活泼有趣的氛围。
⑥ 最后，将精美的西番莲藤蔓穿插于整个作品中，增添动感。

难度等级：★★☆☆☆

炽烈燃烧

花艺设计 / 斯汀·库维勒

材料 *Flowers & Equipments*

橙色桑树皮、玉米粒、橙色桑蒂尼菊花

花泥、细铁丝网、胶枪、冷固胶、橡木板

步骤 *How to make*

① 剪切一块铁丝网，将其弯折成心仪的形状。

② 用热熔胶胶枪将桑树皮粘贴在铁丝网外表面。铁丝网中间应留出空间以便塞入花泥，将花泥固定在铁丝网的后面。用冷固胶将玉米粒粘贴在桑皮上，打造出向下滴垂的形态。最后，将菊花插入花泥中。

③ 将打造好的造型与橡木板连接在一起。

难度等级：★☆☆☆☆

趣味花篮

材料 *Flowers & Equipments*

菊花、绣球、尤加利、银白杨叶片、不同颜色和大小的苹果、海棠果装饰用花篮、花泥、塑料薄膜、牙签和木棍

步骤 *How to make*

① 在花篮内铺上塑料薄膜以防止漏水。将浸湿的花泥放入花篮里。
② 将鲜花和叶材插入花泥中。将小木棍或牙签刺入苹果和海棠果中，然后将它们点缀在花丛中。

难度等级：★★★★☆

绚丽多彩的肉桂花锥

花艺设计 / 简·德瑞德

材料 *Flowers & Equipments*
呈圆锥形的卷曲的肉桂皮、嘉兰、橙色小苍兰、橙色非洲菊、布鲁尼亚（又名珊瑚果）、黍

步骤 How to make

① 用一根铁丝将肉桂皮圆锥筒串在一起成一横排。然后在这排肉桂皮圆锥筒两侧选取几个不同的位置，用胶再粘上几只肉桂皮圆锥筒，打造出一个结构稳固的基座。将不需要插放在水中的黍草和布鲁尼亚插入其中几只圆锥筒内。

② 将塑料鲜花营养管插入其余的圆锥筒内，然后将嘉兰、非洲菊和小苍兰插入营养管中。用鲜花将整个基座填满。

③ 圣诞节期间，可以根据喜好在基座中间插入一些可爱有趣的圣诞小饰品，赋予整个作品一种别样情调。

难度等级：★★☆☆☆

动感秋景

花艺设计 / 莫尼克·范登·贝尔赫

材料 *Flowers & Equipments*

小盼草、酒红色菊花、狼尾草、黄色北美冬青浆果、万带兰、秋色叶片

矩形容器、包装纸、花泥、鲜花营养管

步骤 *How to make*

① 将秋色叶片折叠成长方形，然后粘在一根线上。
② 用双面胶将包装纸粘贴在容器周围。将花泥浸湿后塞入容器中。
③ 将狼尾草捆扎成束，然后系上绑扎线。将狼尾草束直接插入花泥中。将菊花和北美冬青挂果枝条插放在草束之间。
④ 将长短不一的鲜花营养管插入草束丛中（应事先将营养管表面喷涂成适宜的颜色，让这些小水管插入后能够隐藏在草丛间），然后将万带兰插入营养管中。
⑤ 接下来将外形优雅漂亮的小盼草插入作品中。将折成矩形的栗树叶片环绕放置在作品四周，让叶片的主脉呈彼此平行状排列。

难度等级：★★★☆☆

穿着朱蕉叶外套的鲜花

花艺设计 / 瑞金·莫特曼

> **材料** *Flowers & Equipments*
> 朱蕉、观赏草、玫瑰、粉色康乃馨
> 玻璃圆筒、毛线

步骤 *How to make*

① 将朱蕉叶片包裹在玻璃圆筒外。为了营造出略显高冷的感觉，让叶片中未贴在圆筒外壁的部分一直向上延伸。挑选色彩温馨的观赏草插入圆筒中。然后将两种颜色深浅不一的玫瑰以及粉色康乃馨分别插入圆筒中。
② 最后，用两种不同颜色的毛线装饰圆筒。

难度等级：★★☆☆☆

原生态大自然与珍贵的嘉兰花

花艺设计 / 伊凡·波尔曼

步骤 How to make

① 将花泥塞入容器里。首先，将较粗大的欧洲鹅耳枥树枝插入花泥中，插入一根铁丝，将树枝顶端固定。用铁丝将印加豆果实悬挂在树枝上。将鲜花营养管固定在树枝上，然后注入水。

② 然后将嘉兰插入营养管中，最后在容器表面铺上一些树皮作为装饰。

材料 Flowers & Equipments

欧洲鹅耳枥树枝、印加豆、嘉兰 30cm×30cm 的陶瓷容器、花泥、鲜花营养管

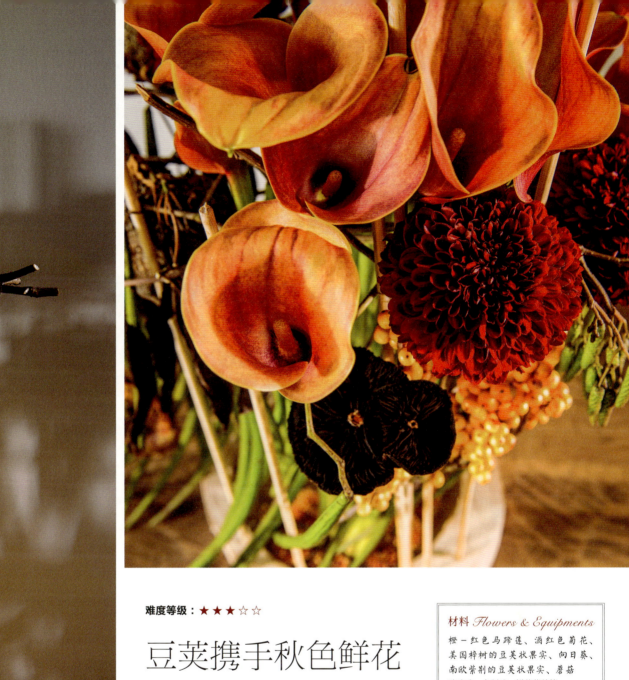

难度等级: ★★★☆☆

豆荚携手秋色鲜花

花艺设计 / 莫尼克·范登·贝尔赫

材料 Flowers & Equipments
橙—红色马蹄莲、酒红色菊花、美国梓树的豆荚状果实、向日葵、南欧紫荆的豆荚状果实、蘑菇、玻璃碗、木制碗、鲜花营养管

步骤 How to make

① 在木碗边沿上钻几个小孔。将小木棒插入这些小孔中并固定。这些小木棒将作为支撑架,将用美国梓树的细长荚果打造的架构支撑起来。
② 挑选一些拌着豆荚状果实的梓树枝条。
③ 将这些长短不一的挂果枝条绑扎在一起,打造出基础架构。
④ 将玻璃碗放置在木碗中,注入水后,以保证鲜花花枝的水分供应。
⑤ 由于整个架构连接紧密,所以能够将马蹄莲花朵支撑起来,让其枝条悬垂在玻璃碗中。
⑥ 将冬青挂果枝条绑扎在架构上。将干豆荚状果实悬挂在架构间,然后将一些鲜花营养管绑扎在架构左侧,将万带兰花朵插入营养管中。

难度等级：★★☆☆☆

银色花杯

花艺设计 / 莫尼克·范登·贝尔赫

步骤 *How to make*

① 将棕褐色蛇叶、银白杨叶片以及软木条分别覆盖在桌花花泥盒外框。
② 同样，将叶片包裹覆盖在花泥块的外侧。
③ 将装饰漂亮的花泥盒放置在银杯顶部，用各式各样的鲜花、浆果、枝叶打造出美观漂亮的插花。

材料 *Flowers & Equipments*

银白杨叶片、铁线莲、一年生缎花（诚实花）角果、绣球、鳞叶菊、小盼草、欧洲女贞浆果、蛇叶、苔草、淡粉色玫瑰、粉红色非洲菊、朱蕉叶片
旧银器、软木、桌花花泥盒、小号和中号花泥块

难度等级：★★★★☆

躺在菌菇上的玫瑰

花艺设计 / 迪特尔·韦尔库特维

> **材料** *Flowers & Equipments*
>
> 干云芝栓孔菌、橙红混色'胡迪尼'玫瑰、妻瓜
> 聚苯乙烯泡沫塑料球、花泥碗、防水涂料、U形钉、粘土

步骤 How to make

① 用小刀在聚苯乙烯泡沫塑料半球体表面划开几道裂缝，然后将球体表面喷涂成与黏土颜色相搭配的色彩。将U形钉从半球体内部插入，尖端朝外。这些U形钉的作用是将粘土固定在球体表面。将花泥碗放入聚苯乙烯泡沫塑料半球的底部。用热熔胶将两个半球体密封在一起，将粘土覆盖在球体外表面。

② 将云芝栓孔菌推入湿粘土层中，根据需要用粗铁丝绑扎固定。将球体静置，让其充分干透，但是注意一定要确保放在球体内的花泥保持湿润状态。插入玫瑰花枝，用极具特色的玫瑰花朵将球体表面的缝隙填满。

难度等级：★★☆☆☆

美味的水果花篮

花艺设计 / 伊凡·波尔曼

步骤 *How to make*

① 首先将红瑞木枝条编入基座框架之间，这样可以打造出美观漂亮的基座。
② 在基座内铺上一层苔藓。将海棠果果枝编成辫状，放置在红瑞木枝条之间，并用粗铁丝绑紧固定。

材料 *Flowers & Equipments*

红瑞木、北美海棠果实、苔藓
用铁丝或柳条编制的基座

难度等级：★★☆☆☆

盛满苹果、海棠和孤挺花的果盘

花艺设计 / 简·德瑞德

步骤 *How to make*

① 将花泥塞入容器中。将孤挺花的球根插入小木棍中，然后插入容器中。将苹果塞进翅萍婆果实打开的果壳之间，然后将这些坚果插入容器中。用挂满小海棠果的北美海棠树枝将容器的剩余空间填满。

② 取一根粗绳子，将整个果盘内的材料彼此连在一起，并用夹子固定，整个作品看起来简直太漂亮了。

材料 *Flowers & Equipments*

北美海棠挂果枝条、食用苹果、带球根的孤挺花植株、翅萍婆果实绳子、花泥、小木棍

难度等级：★★☆☆☆

温馨回忆

花艺设计 / 斯特凡·范·贝罗

步骤 *How to make*

① 将绿色和白色毛毡裁剪成长度相同的毛毡条。将毛毡条粘在一起（每两块毛毡条彼此粘贴），仅在毛毡条上选取两个点粘贴。将花泥盒放置在毛毡条之间，并将毛毡条粘贴在塑料花泥盒外表面。
② 插入鲜花，打造出更具设计感的花艺造型。

材料 *Flowers & Equipments*

麝香百合（又名铁炮百合）、白玫瑰、火龙珠、绿色菊花

难度等级：★★☆☆☆

特别的鲜花送给特别的人

花艺设计 / 简·德瑞德

材料 *Flowers & Equipments*

橙红色马蹄莲、橙黄色菊花、须苞石竹、黑色玫瑰
薄木板、桌花花泥盒（带花泥）、黑色喷绘涂料、鲜花营养管

步骤 *How to make*

① 将薄木片以及立方体塑料花泥盒用喷绘涂料喷涂成黑色。将绳子系在薄木板的两端，分别从两端将所有薄木板连接在一起。将系在一起的长条形的薄木板拉开，让木板之间形成几个较自然的空间，然后放入方形小花泥盒，并用胶粘牢固定。

② 将菊花、黑色玫瑰以及须苞石竹插入花泥盒中。将彩色马蹄莲花枝插入鲜花营养管中，再插放在架构上，让其花枝形成漂亮的自然偏斜，将作品装饰得别具特色。最后，搭配几缕彩色观赏草，为作品增添了几分趣味性。

难度等级：★★★☆☆

植物镰刀

花艺设计 / 莫尼克·范登·贝尔赫

材料 Flowers & Equipments
干芭蕉树叶片、不同花色和形态的菊花、玉米棒、欧洲板栗、干绣球
金属支架、又细又长的小木块、中号花泥盒、褐色线绳、热熔胶胶枪

步骤 How to make

① 将干芭蕉树叶片切成条状，然后用这些小叶片条将整个框架包裹起来，并用热熔胶粘牢固定。
② 将玉米苞叶反向折在一起，并用一根装饰性褐色线绳将苞叶缠绕起来。
③ 同时，用干芭蕉树叶片将花泥盒外侧包起来。
④ 用胶水将细长的小木块粘贴在芭蕉叶上，小木块之间的间隔应适宜美观。
⑤ 将玉米棒交替方向放置，依次绑扎固定在用芭蕉树叶条装饰的背板上。
⑥ 将花泥盒放入架构内，然后插满鲜花。
⑦ 将牙签插入栗子上，然后将栗子插入架构内。

难度等级：★★★☆☆

纯朴设计与红色激情

花艺设计 / 莫尼克·范登·贝尔赫

材料 Flowers & Equipments

深浅不一的红色大丽花、干燥的和经过漂白处理的向日葵茎杆、干燥的向日葵花盘、柔软的甜菜卷须枝条
铁丝网或硬纸板、结实的铁丝

步骤 How to make

① 用铁丝网或硬纸板弯折成圆筒形，将用于制作围在花瓶周围的装饰。制作圆筒时，让其高度超出花瓶顶边一部分。如果使用铁丝网，需要用胶带将铁丝网缠绕包裹起来。
② 将干燥的向日葵茎杆劈成长条状。将三根铁丝固定在圆筒上，以便接下来可以直接用铁丝将圆筒固定在花瓶周围。将向日葵茎杆条粘贴在圆筒外表面，茎杆内侧和外侧露在外面均可，把一些茎杆条粘贴在高出花瓶顶边处，让整个圆筒造型呈现出高低错落的效果。
③ 将装饰好的圆筒造型围在花瓶周围，然后将鲜花插入花瓶中。

难度等级：★★☆☆☆

红色系玫瑰

花艺设计 / 斯特凡·范·贝罗

材料 Flowers & Equipments
旋花、欧洲鹅耳枥、红花绿心大花玫瑰、粉色大花玫瑰、绣球干花

步骤 How to make

① 取 11 根粗铁丝，分别用棕褐色古塔胶缠绕包裹，然后再用古塔胶将全部铁丝捆扎在一起，制作成一个手柄。将粗铁丝一一掰开，弯折成心仪的造型。
② 在造型内部将一些绑扎线缠绕在一起（就像编织一张蜘蛛网一样），这样打造出的架构整体会更加坚固，形状也更为稳固。
③ 将干旋花枝条编入架构中。在枝条边缘粘贴几片欧洲鹅耳枥的叶片。
④ 现在，花束框架已制作完成。拿起制作好的架构，插入各式鲜花，打造出漂亮的花束。将制作好的精美的花束捆扎好，用锋利的小刀将花茎剪切整齐。将花束放入适宜的花瓶中。作为点睛之笔，可以用装饰性金属丝弯制成几个花朵造型搭放在花束上。

难度等级：★★☆☆☆

奔向蓝天

花艺设计 / 伊凡·波尔曼

材料 Flowers & Equipments
虎杖、玉米棒和玉米秆、菊花、
腋花木藜芦 (Leucothoe axillaris)
花泥、木制容器

步骤 How to make

① 将花泥塞入容器中。
② 首先，插入虎杖枝条。接下来插入菊花，最后用玉米棒和玉米秆将空隙填满。
③ 最后，放上几片腋花木藜芦叶片作为装饰。

难度等级：★★★☆☆

桉树怀抱中的鲜花和果实

花艺设计 / 菲利浦·巴斯

步骤 How to make

① 首先，将花泥碗喷涂成棕褐色，然后将桉树皮用胶粘在花泥碗外表面。一定要将树皮粘三层。

② 然后将一些树皮插入花泥中，将各式鲜花插放在树皮之间。

材料 Flowers & Equipments

桉树树皮、粉色玫瑰、淡橙色桑蒂尼菊花、大玫瑰果、粉色康乃馨 直径30cm的花泥碗、棕褐色喷绘涂料

难度等级：★★★☆☆

亮橙色花朵与干橡树叶的鲜明对比

花艺设计/简·德瑞德

步骤 *How to make*

① 用小木棒将花泥加放在花泥盒上，将整个插花基座延长。将橙色玫瑰插入花泥，让花枝在基座横向排成一排。用U形钉将北美红栎叶片固定在花泥表面，让叶片与花朵重叠在一起。将铁线莲柔软卷曲的枝条搭放在花材顶部，并让其自然垂下，加入几支嘉兰。

② 最后，将一些铁线莲种荚塞在叶片之间，营造出良好的视觉平衡效果，令人赏心悦目。

材料 *Flowers & Equipments*

北美红栎叶片、橙色嘉兰、橙色月季、葡萄叶、铁线莲的种荚枝条 花泥盒、小木棒、U形钉

难度等级：★★★☆☆

繁密多姿的秋日花束

花艺设计／简·德瑞德

材料 Flowers & Equipments

绿色玫瑰、深红色非洲菊、红瑞木枝条、杂交文心兰、栀子、万带兰气生根、缠绕有藤条的小水管、绑扎线、蛇皮果

步骤 How to make

① 用绿色的红瑞木枝条制作框架。用绑扎铁丝将所有材料彼此连接固定，打造出整体架构，同时在枝条中间加入几支万带兰气生根。

② 接下来，用藤蔓植物枝条将小水管缠绕包裹，然后绑扎并固定在枝条之间。

③ 最后，将花泥塞入水管中，然后插入兰花、栀子枝条、非洲菊以及绿色玫瑰。最后，在整个作品的底部加入水果。

难度等级：★★★☆☆

卷须枝条与架构相映成趣

花艺设计 / 汤姆·费尔霍夫施塔特

步骤 How to make

① 这个用旧床垫中的弹簧结构制作而成的框架，即由粗铁丝组成的架构，不禁让人联想到猕猴桃的小枝条。挑选一些挂着果实的形态漂亮的猕猴桃小树枝。将枝条上的叶片摘掉，这样果实和玫瑰能够完美地搭配在一起，相映成趣。

② 将水倒入容器中，然后放入装饰好的框架，最后将细枝条编入框架中，然后插入玫瑰。

材料 Flowers & Equipments
猕猴桃、橙色绿心大花玫瑰
用旧床垫中的弹簧制作的框架、容器

难度等级：★★☆☆☆

秋景色调的
色彩游戏

花艺设计 / 莫尼克·范登·贝尔赫

> **材料** *Flowers & Equipments*
> 黄色万带兰、楹梓果、黄色火棘果、海枣、绿色和黄色的欧洲板栗树树叶、干燥的蕨类植物枝条、绳子、金属框架、装饰丝线（金色）、小水管、纸包铁丝

步骤 *How to make*

① 用金色丝线将板栗树叶片缠绕包裹框架。
② 接下来，在框架的中心区域将绳子围绕上下横梁垂直缠绕，打造出一个可以将鲜花和果实悬挂起来的架构。先将金色丝线缠绕在楹梓果果柄处，然后将其悬挂起来。浆果枝条的悬挂也按同样方法操作。
③ 将金色丝线缠绕在有机玻璃小水管的顶部和底部，这样可以很方便地将它们固定在绳子上。
④ 悬挂在作品左侧绳子上的小水管中插满了浆果和楹梓果，还有一些干燥的蕨类植物枝条以及一些栗子树干叶片。
⑤ 作品右侧绳子上悬挂的小水管里插入万带兰花朵。

材料 Flowers & Equipments

橙色万带兰、干镶叶天门冬枝条、欧洲女贞浆果枝条、酸浆、玫瑰果枝条、南瓜

粗铁丝、原木色拉菲草、烛蜡、塑料鲜花营养管、绑扎线、双面胶胶带、冷固胶、宽胶带、蜡烛

难度等级：★★☆☆☆

用南瓜干作为装饰元素

花艺设计 / 汤姆·德·王尔德

步骤 How to make

① 将南瓜切成2.5cm厚的小块。放入烤箱中，将温度设定为60℃烤14个小时，制作成南瓜干。将烛蜡放入隔水炖锅内加热，熔化成蜡液后倒入一个铺有蜡纸的圆形容器中。用浸过蜡液的白布缠绕包裹塑料鲜花营养管，然后静置，让其凝固。

② 三根铁丝成一组，用宽胶带缠绕包裹，然后用拉菲草缠绕、绑扎（可用双面胶和胶水粘牢固定）。将铁丝末端留出几厘米，不要缠绕任何材料。

③ 用蜡烛将末端露出的几厘米铁丝加热，然后将铁丝带着滴出的蜡液直接插入蜡制圆盘中，将铁丝沿圆盘的最外侧插一整圈。

④ 将天门冬干枝条紧紧地绑在铁丝之间，另取几根绑扎在铁丝丛上，用铁丝和枝条打造出架构。

⑤ 同样操作，将欧洲女贞浆果枝条和玫瑰果枝条用绑扎线固定在铁丝之间。

⑥ 用绑扎线将缠绕着蜡布的白色营养管固定在架构上。将水注入营养管中，然后插入万带兰。

⑦ 用胶将一簇簇酸浆果固定在架构上。

⑧ 同样操作，将干南瓜片以及一些万带兰花朵用胶粘贴在架构上。

难度等级：★★☆☆☆

鸡腿形支架上的魔力蛋筒

材料 *Flowers & Equipments*

菊花、铁线莲藤条、茴香、浆果
不同高度的剑麻圆锥筒、绑扎线、塑料
薄膜、花泥、麻绳

步骤 How to make

① 将麻绳缠绕在铁丝上,然后打造出外形美观的鸡腿形支架,然后用绑扎线将支架与剑麻圆锥筒固定在一起。在圆锥筒内铺上塑料薄膜,以防水分渗漏。将浸湿后的花泥切割成适直的尺寸,放入圆锥筒内。

② 将鲜花和浆果插入花泥中,将缠绕着麻绳的铁丝围绕在圆锥花筒间,装饰一番。

难度等级：★★☆☆☆

绚丽多彩

花艺设计 / 菲利浦·巴斯

材料 *Flowers & Equipments*

柳条、铁锈红色菊花、嘉兰、玫瑰果枝条、金鱼草、橙黄色桑蒂尼菊花、尼润石蒜、蓝紫色铁线莲、酒红色万带兰、干露兜树叶片、绑扎线、花瓶

步骤 *How to make*

① 取一只玻璃花瓶，将干露兜树叶片粘贴在花瓶底部。用绑扎线将柳条捆绑在花瓶周围。

② 首先将玫瑰果枝条插入花瓶中，构建出作品整体的高度，随后插入金鱼草和嘉兰，将花形较大的花枝插放在靠近底部的位置。

难度等级：★★★☆☆

鲜花镜饰

花艺设计 / 维基·万甘佩莱尔

材料 *Flowers & Equipments*

黄色万代兰、欧洲女贞浆果、玫瑰果枝条、金黄色文竹、风车果、柳叶马利筋、棕褐色桑皮纤维、异形花泥、毛毡

步骤 *How to make*

① 通过特色材料和架构的运用，特别是这面镜子，创造出不落窠臼的花艺作品。为了用各式鲜花打造作品，首先要选用一块带有自然弯曲曲线的异形花泥，并将其固定在镜子上。用各种颜色的毛毡条制成圆盘形，然后与毛毡条一起沿镜面对角线放置，在镜面上勾勒出漂亮的曲线结构。

② 用旱叶百合和棕褐色的桑皮纤维条装饰镜子的四个角，渲染了镜角部分的装饰效果。

③ 将各式花材插放在毛毡曲线结构之间：用万带兰作为主花，搭配纤细的文竹枝条、柳叶马利筋、浆果及玫瑰果枝条等。

冬 / *Winter*

难度等级：★★★☆☆

植物花灯

花艺设计 / 安尼克·梅尔藤斯

材料 *Flowers & Equipments*
万带兰、多肉植物、细干枝条
细铁丝网、粗麻布、速凝水泥、蜡

步骤 *How to make*

① 用细铁丝网打造出一个框架，并用粗麻布缠绕包裹。
② 将速凝水泥覆盖在框架表面，反复铺盖多层，并充分晾干。
③ 用多肉植物和浸过蜡的万带兰装饰框架。
④ 将干树枝放置在框架上，用夹子夹紧，并用胶粘牢固定。将一些圣诞主题小饰品点缀在框架内，并用胶水粘牢固定。

难度等级：★★★☆☆

冰枝上的冬日玫瑰

花艺设计 / 巴特·范·迪登

材料 *Flowers & Equipments*

苔草、粗毛绣球、黄绿色的长满青苔的枝条、黑嚏根草蜡、直径20cm的花泥球、暖绿色的毛毡、棉球、玻璃小水管、细金属丝网

步骤 *How to make*

① 将一根竹竿插入球状花泥的中心，然后用一条条细金属丝网将整个架构完全包裹覆盖，这样就打造出一个形态优美的似圣诞树的造型。制作时应注意保持整体的形态，顶部较窄，越往下逐渐变宽。为了塑造出完美的圣诞树造型，用双手将有缺陷的位置捏制得更美观。

② 从顶部开始，用苔草将整个架构包裹。随着架构变宽，逐渐将苔草束加粗。将绣球花枝条穿插加入架构中，用小毛刷将熔化的烛蜡涂在枝条上，营造布满冰霜薄雾的感觉。

③ 将一些布满青苔的小枝条以及棉花球用胶粘在架构四周。用一条暖绿色的毛毡条围在架构周围。

④ 将小玻璃水管插入草束间，然后注入水并放入白色和绿色的黑嚏根草花朵。

难度等级：★★☆☆☆

圆

花艺设计 / 莫尼克·范登·贝尔赫

材料 *Flowers & Equipments*

嚏根草、白色杨树叶、蛇叶、干燥材料、树干圆盘

云朵形花泥树、白色和灰色的毛毡、小号鲜花营养管、热熔胶 / 胶枪、木制圆盘、圣诞树小挂件、珍珠定位针、3mm 粗的铁丝、金属棒、双面胶、打孔机

步骤 *How to make*

① 用白色毛毡将整个花泥树完全包裹覆盖（正面、背面和侧面全部用毛毡覆盖）。
② 将灰色毛毡条卷成小圆卷并用胶水粘牢。
③ 将粗铁丝按照云朵形花泥树的曲线轮廓塑形，并将双面胶粘贴在铁丝表面，再缠绕褐色毛线，这样整个铁丝造型都包裹上了褐色毛线。用 U 形钉将制作好的造型固定在云朵形花泥树的背面。
④ 用定位针和胶水将毛毡卷粘在花泥树上。
⑤ 取几片蛇叶，用打孔机切出一些圆盘形小叶片，然后将它们粘贴在花泥树上。
⑥ 接下来将这些漂亮的白色杨树叶粘贴在云朵树上。
⑦ 将白色毛毡剪成圆形，尺寸要足够大，以能够将小号鲜花营养管放入为准（小水管插入圆形毛毡块后应完全看不到），然后将水管注入水。将嚏根草花朵插入营养管中，用珍珠定位针固定。从圣诞树上取下一些小挂饰，将其金属顶盖去掉，然后用细银线缠绕这些小挂件。这样就可以很方便地用珍珠定位针将这些小挂饰固定在云朵树上了。
⑧ 将一根金属棒插入装饰好的云朵花泥树中，在木圆盘上钻一个洞，然后将金属棒插进去。

难度等级：★★★☆☆

光环环绕的大徽章

花艺设计 / 莫尼克·范登·贝尔赫

材料 *Flowers & Equipments*

绣球、涂有蜡层的文竹、松果球、白色和黑色椰子壳
木板、蜡、铁丝、彩灯、硬纸板、涂料、硅胶树脂蛋糕模具、钉枪、热熔胶胶枪、可移胶点

步骤 *How to make*

① 用线锯从木板上裁切出一块外形漂亮的圆形徽章状木板。将圆形木板涂成深褐色。挑选白色和黑色的椰子壳。接下来将尽量按照圆形徽章状木板的轮廓将椰子壳固定在木板表面。将暴露在外的U形钉涂成深褐色或白色。
② 剪出一块椭圆形的硬纸板，用可移胶点将其粘贴固定在圆形木板上（椰壳中间的位置）。
③ 将松果球用胶粘贴在嵌入的硬纸板上。
④ 在硅胶树脂蛋糕模具上放入一些干燥的绣球花小花朵，然后在上面浇上一些蜡液，制作出一些小型蜡质花盘。
⑤ 让剩余的蜡液冷却，直到其几乎变硬。接下来，将蜡液轻轻地倒在椭圆形硬纸板表面。待蜡变硬后去除突出的硬纸板边缘。
⑥ 用可移胶点将小蜡质花盘固定至圆形徽章上。最后再放上几枝涂过蜡的文竹枝条。添加装饰彩灯，整件作品完成。

花艺设计／斯汀·库维勒

难度等级：★★★★★

由冬日玫瑰和素馨打造的垂帘

材料 *Flowers & Equipments*
多花素馨、东方嚏根草、桉树树皮、椰子壳
玻璃小水管

步骤 *How to make*

① 取一段废弃的铁路枕木，锯下一段木托，用来作为作品的底座。将一根生锈的钢筋钉在底座上。

② 用锯在椰壳板上锯出一个凹槽，然后将椰壳板与钢筋棒固定连接在一起。用热熔胶胶枪将桉树树皮粘入凹槽内。接下来将 2~8cm 长的玻璃小水管粘在树皮卷之间。将多花素馨插入小水管中，让其卷须枝条分别穿过树皮卷中间的小洞，任其随意垂落，最后将嚏根草插入小水管中。

难度等级：★★★☆☆

原生态灯罩

花艺设计 / 莫尼克·范登·贝尔赫

材料 *Flowers & Equipments*

干燥的蜂斗菜大叶片、树皮、唐棉种子
扁平的柳条、椭圆形木制圆盘、椭圆形金属圈、带金属插管的木制底座、细绳、喷胶、灯和连接电线、铁丝

步骤 *How to make*

① 将椭圆形木制圆盘和灯安装到带有金属插管的木制底座上，圆盘底边和灯的位置应稍高于木制底座，与灯相连的电线从中空的金属插管中穿过。
② 将椭圆形金属圈与圆盘相连，二者中间应略留出一小段距离（事先在木制圆盘上钻几个小孔并安装上连接支脚）。
③ 用绳子缠绕包裹椭圆形金属圈。
④ 接下来将扁平的柳条与椭圆形金属圈绑扎在一起。
⑤ 将树皮条浸湿，然后卷成小圆盘。待干燥后将这些树皮圆盘加入架构中。
⑥ 将干燥的蜂斗菜大叶片悬挂在架构中，这些大叶片被放置在发光点的前面，灯光可以穿透它们照射出来。
⑦ 取一小段铁丝，在上面喷涂粘胶，然后将唐棉种子粘贴在上面，然后将这段铁丝环绕在灯的周围。

难度等级：★★☆☆☆

多彩的冬日玫瑰与干枯枝材的鲜明对比

花艺设计 / 瑞金·莫特曼

步骤 *How to make*

① 将帚灯草束、木兰树枝条以及串着小硬木块的木枝环绕着支架上的金属插针，绑扎成花束捆。用细铁丝将天使之翼干翅果串起来。将小硬木块围成球形，确保能够将玻璃小水管插进去。调整天使之翼干翅果串以及小球形木块的位置，以确保作品整体平衡稳定。
② 最后，将嚏根草花枝插入玻璃小水管中。

材料 *Flowers & Equipments*
帚灯草、天使之翼（干燥翅果）、硬木质地的小圆盘、木兰树枝、嚏根草
带底座铁支架、玻璃小水管

材料 Flowers & Equipments
嚏根草、经漂白的树枝 2个金属支架、2个聚苯乙烯泡沫塑料块（一块尺寸大一些，一块尺寸小一些）、胶带、胶枪和墨盒、鱼线、人造雪、玻璃小水管

难度等级：★★★★☆

内部舒适，外部冰冷

花艺设计 / 比吉特·德·瓦勒

步骤 *How to make*

① 用胶带将聚苯乙烯泡沫塑料块包起来。将树枝剪切成小段，每根小树枝的长度应大于泡沫塑料块的宽度。用胶水将小树枝粘贴在泡沫塑料块内外表面，直至这些小树枝将胶带完全覆盖，小树枝的两端均应从泡沫塑料块两侧边缘再伸出大约1cm长。

② 现在你仅能看到泡沫塑料块两侧边缘露出的胶带。从小树枝两端分别剪下1cm长的小木段，然后将它们直接粘贴在侧边的胶带上。

③ 取两个支架，将制作好的架构插在插针上，在孔洞中多涂一些胶水，这样才能粘得更牢固。

④ 最后，将鱼线系在玻璃小水管上，然后将水管固定在一根小树枝上。

⑤ 将水注入小水管中，插入嚏根草花枝。最后，在整个架构表面喷洒一些人造雪。

难度等级：★★★☆☆

黑色桤木果趣味花艺

花艺设计 / 亨德里克·奥利维尔

材料 *Flowers & Equipments*

钻果大蒜芥、欧洲桤木、南美水仙
小水管、烛蜡、绑扎线

步骤 How to make

① 挑选一只具有冬日风情的花瓶。用钻果大蒜芥枝条打造一个极具特色的架构。通常，在路边可随处找到这类枝材。

② 将南美水仙插入小水管中，然后将小水管固定在枝条上。将桤木挂果枝条浸在热蜡液中，反复蘸几次，然后让蜡液凝固，将小枝条装饰得极具冬日特色。然后用绑扎线将它们固定在钻果大蒜芥枝条间。

难度等级：★★☆☆☆

枯荣对比

花艺设计 / 莫尼克·范登·贝尔赫

材料 Flowers & Equipments

南美水仙、白色康乃馨、大戟枝条、干芭蕉树叶片
钢网（表面光滑，带有方形小孔）、椭圆形木板、铁棍、小水管、褐色古塔胶

步骤 How to make

① 将一块长方形铜网对折。用胶带包裹覆盖在铜网表面。将芭蕉树叶裁切成条状，粘贴在铜网表面。树皮条与铜网高度相同。
② 在椭圆形木板上钻几个小孔，插入小铁棍。小铁棍用褐色古塔胶包好。将装饰好的被塑造成波浪状的长长的铜网与小铁棍固定在一起，让芭蕉叶片将铁棍完全遮挡住。
③ 将铁丝绑在覆盖着人造雪的大戟树枝上，然后插放在芭蕉叶之间。
④ 将长绑扎线分别系在小水管的顶部和底部，这样就可以将这些小水管挂在铜网基座的内外两侧。
⑤ 将水注入小水管，然后插入南美水仙和白色康乃馨。

难度等级：★★★★☆

神秘莫测的光源

花艺设计 / 鲁格·利森斯

步骤 How to make

① 将梨树枝条固定在混凝土底座上。将彩灯串缠绕在树枝顶部的细枝条上。用胶水或铁丝将椰子壳和剑麻丝固定在小枝条上。

② 将蝴蝶兰花枝插入鲜花营养管中，然后用胶水固定在架构上。最后，用胶水将旱叶百合草粘贴在剑麻丝上。

材料 Flowers & Equipments

西洋梨枝条、旱叶百合、蝴蝶兰、椰子壳
剑麻丝、彩灯串、鲜花营养管、胶水、铁丝、混凝土底座

难度等级：★★★☆☆

闪烁的植物灯

花艺设计 / 赫尔曼·范·迪南特

材料 *Flowers & Equipments*
红瑞木枝条、彩色柳枝、麻风树挂果枝条
红色绳子、铁丝、带有纤细绿羽毛的电灯泡、绿色毛毡绳

步骤 *How to make*

① 将红瑞木枝条捆绑在一起，让茎枝向下一直延伸至桌面。从顶部插入一些彩色柳枝。用红色的绳子将所有枝条捆紧。将制作好的架构静置几天，这样枝条就可以保持住造型。

② 将带有纤细绿羽毛的电灯泡插入架构中，让一根绿色毛毡绳从枝条底部垂下，并一直延伸至桌面。

③ 最后，将几枝麻风树挂果枝条插入架构中。

难度等级：★★★☆☆

冰冷的钟乳石

花艺设计 / 内丝·科罗洛夫伊

材料 *Flowers & Equipments*
风信子、银桦、海桐、迷迭香、烛蜡、深平底锅、汤匙、纸、尼龙线、镀锌铁丝

步骤 *How to make*

① 将镀锌铁丝焊接成一个圆环，用来将作品悬挂起来。
② 用纸制作圆锥体。
③ 将一根尼龙线穿过圆锥体顶部，这样就可以将它们与镀锌铁丝圆环固定在一起。
④ 将烛蜡放入平底锅里熔化。用汤匙将蜡液滴在纸圆锥体表面，让它们看起来像悬垂下来的钟乳石一样。
⑤ 将制作好的这些看上去冷冰冰的钟乳石悬挂在金属丝圆环上。
⑥ 将几根长短不同的尼龙线系在金属丝圆环上，并让它们悬垂下来。
⑦ 根据喜好，将不同形态的鲜花和枝叶穿在这些尼龙线上。

难度等级：★★★☆☆

植物冰花造型

花艺设计 / 奥利维尔·佩特里恩

材料 *Flowers & Equipments*

铁线莲、玫瑰、红掌、孤挺花、胡颓子叶片、非洲菊、柳枝
花瓶、粗铁丝、花泥、绑扎铁丝、卷轴线

步骤 *How to make*

① 取一些褪色柳枝条，在中间加入一根粗铁丝。用卷轴线将它们绑在一起，并缠绕几圈，直至捆扎成束。粗铁丝将有助于将柳条束塑形。将制作好的柳条束插入花瓶中。

② 将花泥制作成长圆锥体造型，用胡颓子叶片包裹覆盖，然后将装饰好的花泥圆锥与柳枝固定在一起。用鲜花装饰花泥圆锥。

难度等级：★★★★☆

创意冰柱

花艺设计 / 莫尼克·范登·贝尔赫

材料 Flowers & Equipments

银白杨枝条、白色万带兰蜡、玻璃冰柱、金属圆环支架、鲜花营养管、灰色花艺胶带、灰褐色喷绘涂料、人造雪喷雾

步骤 How to make

① 将金属框架喷涂成与银白杨枝条相同的颜色（灰褐色）。
② 将树枝以不对称的方式绑扎在金属圆环左侧。
③ 将蜡液滴在绳子上，制作出冰柱。
④ 在架构之间绑扎几根雪白的树枝（将人造雪喷雾喷涂在树枝上）。将玻璃冰柱以及自制的白蜡冰柱一起悬挂在圆环的开口处。
⑤ 用灰色花艺胶带将鲜花营养管包裹好，将水注入营养管中并插入兰花，然后悬挂在架构之间。

难度等级：★★☆☆☆

冰晶之中的贝母

花艺设计 / 赫尔曼·范·迪南特

材料 *Flowers & Equipments*

花格贝母
托盘、亚硒酸盐块、结实的白色铁丝、花泥、花泥钉、人造雪喷雾

步骤 *How to make*

① 用防水胶将花泥钉粘在托盘上，然后将花泥插放在上面。在花泥表面喷洒一些人造雪粉沫，并将亚硒酸盐块堆放在花泥四周。用一根结实的白色铁丝将这些似冰晶的小块连接起来。

② 将花格贝母插入小冰晶块之间的空隙处，直接将花枝插入花泥中。

难度等级：★★★☆☆

蓬松的棉花与光滑的圣诞树挂件形成鲜明对比

花艺设计 / 盖特·帕蒂

步骤 How to make

① 将木碗固定在木板上，然后悬挂于所需之处。在木制架构上钻几个螺丝孔，然后放入落叶松枝条并固定。用胶水或绑扎铁丝将棉铃球固定在树枝上，同时将插放万带兰用的鲜花营养管也固定在枝条上。

② 最后再放上一些圣诞树上小挂件儿。

材料 Flowers & Equipments

白色万带兰、落叶松枝条
木制碗、木板、圣诞树小挂件、鲜花营养管、棉铃球、电钻、铁丝

难度等级：★★☆☆☆

冰霜效果

花艺设计／盖特·帕蒂

材料 *Flowers & Equipments*

落叶松枝条、花毛茛、嚏根草
玻璃花瓶、烛蜡、托盘、慢炖锅（或老式油炸锅）

步骤 *How to make*

① 将烛蜡加热直至完全熔化，然后将每个花瓶瓶身的三分之二浸入蜡液中，蘸一下再取出。重复这一操作，多次蘸入蜡液后瓶身表面覆盖的蜡层均匀美观。根据喜好，可以在最后几次浸入蜡液前，在蜡液中加一点彩色涂料，这样瓶身覆盖的蜡层就会带有颜色。将制作好的蜡层花瓶摆放在托盘上，然后注入水。也可以将落叶松枝条浸入蜡液中蘸一下。或者，将热蜡液倾倒在枝条上，让部分枝条被蜡层覆盖。
② 将枝条和鲜花插入花瓶中，打造出赏心悦目的作品。

难度等级：★★★★☆

通透的编织物

花艺设计 / 巴特·范·迪登

步骤 How to make

① 采用普通的平针编织方法，将纸纱线编织成一块大约 50cm×50cm 的扁平、敞开式织物。将蜡放入平底锅中熔化，然后将整块织物浸入蜡液中。

② 将织物从平底锅中取出，让多余的蜡液自然滴落。迅速将这块沾有蜡液的织物放在半球形花泥表面，用金属圆环将织物拉紧让其紧贴在半球体表面。让覆盖在半球体上的织物静置、晾干。待蜡层干透后，整个结构不仅足够坚固结实，而且外形稳定。根据喜好，可以用刷子额外再刷涂上一些蜂蜡，将蜡层稍稍加厚。

③ 将制作好的架构放置在碗形容器内，让织物自然垂于碗的边沿之下。

④ 将铁丝缠绕在玻璃鲜花营养管上，然后将这些小水管插入架构中。将雪花莲和嚏根草插入营养管中，让花枝呈现出一种松散、随意的自然状态。

材料 Flowers & Equipments

雪花莲、东方嚏根草

白蜂蜡、纸纱线、白色编织针、直径40cm的半球形花泥、玻璃鲜花营养管、直径40cm金属圆环、电子加热炉、老式锅

难度等级：★★☆☆☆

哥特式花烛

花艺设计 / 维姆·迭伦唐克

材料 Flowers & Equipments

蝴蝶兰、空气凤梨、白花虎眼万年青、黑豆

金属烛台、黑色蜡烛、花艺专用胶带、玻璃鲜花营养管、羽毛、冷固胶

步骤 How to make

① 用花艺专用胶带将黑色豆荚绑在金属烛台上的黑色蜡烛周围。

② 将玻璃鲜花营养管固定在架构中，然后注入水并插入蝴蝶兰。

③ 用冷固胶将其余的花材及装饰物固定在架构中。

难度等级：★★★★☆

编织架构

花艺设计 / 尼科·坎特尔斯

材料 *Flowers & Equipments*
白色康乃馨
黑色扁平芦苇条、两个圆形蛋糕状板材、花艺专用防水胶带、花泥

步骤 *How to make*

① 用板材切割出2个圆形蛋糕块状。将花泥浸湿，然后用防水胶带将花泥固定在两块圆形板材之间。

② 确保花泥位于两块板材之间。用黑色定位针将扁平的芦苇条固定在花泥上。在芦苇条之间沿水平方向编入更多的芦苇条。在芦苇条重叠搭放的位置插入定位针固定，这样编织结构的外形更美观，而且也能够与圆形蛋糕块贴合得更紧密。将芦苇条的顶部向下折叠，并固定在花泥块的顶端。

③ 露出圆形蛋糕块顶部弧形中间的花泥，然后沿弧线粘贴上芦苇条修饰一下，最后将康乃馨花枝插入弧形中间的花泥中。

难度等级: ★★★★☆

用红色重音渲染黑白对比

花艺设计 / 莫尼克·范登·贝尔赫

材料 *Flowers & Equipments*

梅子、南欧紫荆、红色非洲菊、白色非洲菊、银白杨

覆盖着人造雪的树枝、装有4只水管的框架、红色细线、本生燃烧器、细木柴、黑色细铁丝、深褐色花艺专用胶带、冷固胶、小装饰物

步骤 *How to make*

① 首先,用红色细线在框架的三分之一处紧密地缠绕几圈。

② 用黑色细铁丝将覆盖着人造雪的树枝绑在框架上。用本生燃烧器(制作法式焦糖布丁时用的烘焙喷枪)将木柴烧焦。接下来将焦黑的木块与框架中的金属棒固定在一起。用深褐色花艺专用胶带缠绕包裹花茎,将绿色花茎完全遮盖起来。穿过枝条架构将花枝插入小水管中。

③ 最后,搭放一枝挂着红色浆果的梅子枝条,将作品装饰得更精美。

难度等级：★★☆☆☆

洁白无瑕的雪景

花艺设计 / 盖特·帕蒂

材料 *Flowers & Equipments*
尼润石蒜、钢草、熊草（旱叶百合）
平底箱子、花泥、人造雪、喷胶

步骤 *How to make*

① 将花泥浸湿后放在托盘上，让花泥顶面刚好位于托盘边沿下。
② 在花泥表面覆盖人造雪粉沫。将钢草斜插入花泥中，打造出似瀑布般的造型。加入熊草和白色的尼润石蒜。
③ 用喷胶喷涂整个作品，然后再撒上一些人造雪粉沫。

难度等级：★★★☆☆

盛满白色花朵的自制托盘

花艺设计 / 莫尼克·范登·贝尔赫

步骤 How to make

① 将细枝条连接在一起，打造出一个半月形架构，放入托盒内。鲜花以及纸花将以此架构为基础设计插放。
② 用几支澳洲米花作为纸花花心。
③ 将小号鲜花营养管中注入水，然后插入非洲菊花枝，再放入架构内。

材料 Flowers & Equipments

澳洲米花、白色非洲菊、盆景细枝条
手工纸、纸质托盘

难度等级: ★★☆☆☆

植物张力

花艺设计 / 奥利维尔·佩特里恩

材料 Flowers & Equipments
欧洲红瑞木枝条、万带兰、高丛越橘浆果（蓝莓浆果）
剑山、短铁丝、鲜花营养管

步骤 How to make

① 将红瑞木枝条切成三段，每一小段枝条上都插入一根短铁丝。将三小段红瑞木枝条通过短铁丝连接起来并弯折成心仪的形状。
② 将所有弯折后的红瑞木枝条插放在剑山上，打造出美观漂亮的造型，然后将鲜花营养管固定在枝条上，注入水后插入万带兰花朵。
③ 用蓝莓浆果将剑山遮盖起来。

难度等级：★★★☆☆

温暖的冬日烛光

花艺设计 / 盖特·帕蒂

材料 *Flowers & Equipments*
红色山茱萸枝条
矮型玻璃圆碗、花泥、蜡烛、圣诞主题小装饰物、铁丝、圆柱形玻璃花瓶

步骤 *How to make*

① 将花泥放入矮型玻璃圆碗中，让花泥顶面与容器顶部边沿等高。在花泥和容器之间留出一点空间。将山茱萸枝条剪切成小段，让其长度略微比容器边沿高一点，然后用这些小枝条塞满容器四周留出的空间。
② 将圆柱形玻璃花瓶放在花泥上。可能会需要将一些更长山茱萸枝条塞入玻璃花瓶外侧四周。
③ 将蜡烛和一些圣诞主题小摆件放入玻璃花瓶中。
④ 将山茱萸枝条弯折成星形，用铁丝绑扎固定。
⑤ 将这些红色的星星套在玻璃花瓶外，让它们刚好搭放在山茱萸小枝条上。最后，在整个作品上再摆放一些圣诞小饰物，并在周围放上几只许愿蜡烛瓶，将山茱萸枝条剪成小碎段，撒在许愿瓶里。

难度等级：★★☆☆☆

蜡碗

花艺设计 / 苏伦·范·莱尔

材料 Flowers & Components

东方嚏根草、玫瑰花枝条、干枝条、各种花卉植物的蓬松种荚
螺母和螺栓、尼龙扎带、烛蜡，加热用锅或盆、扁平贝壳、配有小号钻头的电钻机、花泥、快沾鲜花补水剂、鲜花营养管、人造雪粉沫

步骤 How to make

① 用白色的小号尼龙扎带将扁平的贝壳彼此连接在一起。直到打造出心仪的造型。在贝壳上打一些小孔，然后插入螺栓并拧上螺母，作为架构的支撑腿。

② 将白色蜡烛加热，熔化成蜡液，将蜡液倾倒在整个架构的内外表面，以确保架构具备良好的防水性了。将花泥放在架构中间，然后插入干树枝。将鲜花营养管插入花泥中。将嚏根草花茎末端快速浸入鲜花补水剂中蘸一下，然后插入营养管中。

③ 最后，撒上一些人造雪粉沫以及蓬松的种荚，营造出神奇魔幻的景观效果。

材料 *Flowers & Equipments*
白色万带兰、白色非洲菊、茴芋
挂果枝条、盆景枝条
鲜花营养管

难度等级：★★★☆☆

树枝艺术品

花艺设计 / 莫尼克·范登·贝尔赫

步骤 *How to make*

① 选取与树枝颜色相同的铁丝将小树枝绑扎在一起，制作成带有矩形凹槽的长方形架构。
② 将制作好的架构与色彩相同的金属底座固定在一起。
③ 再制作一个同样形状的架构，将其固定在第一个架构的背面。
④ 选取带有盖子的鲜花营养管，将管子外表面喷涂成与树枝一样的深棕褐色。营养管注入水，并绑扎在树枝之间，然后将鲜花和挂果枝条插入营养管中。

难度等级：★★☆☆☆

透明的蜡盘

花艺设计 / 莫尼克·范登·贝尔赫

材料 Flowers & Equipments

桑皮纤维、铁线莲种荚、螺旋卷曲的榛子树枝条、雪花莲、南美水仙

木制圆盘、银托盘、蜡 / 石蜡、锥形小玻璃管、硅胶蛋糕模具

步骤 How to make

① 将榛子树枝条捆扎成束，放置在木制圆盘上。将两个木制半圆环向下拧入圆盘中，这样打造出一个围绕在榛子树枝条四周的圆形。

② 在木圆盘表面涂上一点油，然后将热蜡液倒入木圆盘上的圆形空间内。待蜡液冷却凝固、变硬之后，将两个半圆环去掉。这束榛子枝条就完美地固定在蜡圈中了。

③ 制作蜡质小圆盘的方法：将铁线莲种荚和（或）桑皮纤维放在圆形硅胶蛋糕模具的底部。将液态蜡用隔水炖锅加热后，倒在铁线莲种荚和（或）桑皮纤维上。确保蜡层不要太厚。因为要确保小蜡盘保持透明感。待小圆蜡片冷却凝固、变硬后，就用小钻头钻一个小孔，用来将其悬挂在枝条上。

④ 将锥形小玻璃管塞入树枝之间，插入鲜花，让雪花莲位于底层，而南美水仙花朵则处于顶层。

材料 *Flowers & Equipments*
白柳（细柳条）、东方嚏根草
黑色U形钉、鲜花营养管

难度等级：★★☆☆☆

柳条花瓶

花艺设计 / 伊夫·摩尔曼

步骤 *How to make*

① 取35根粗度相同、长度约1.60 m、柔韧性好的新鲜柳条，在末端用钉针将柳条彼此串在一起。在柳条末端中间放置一个圆环并连接在一起，这样就可以将柳条束倒挂起来了。

② 接下来一根接一根、用拇指和食指沿着每根柳条上下撸擦，这样柳条就会变得更为光滑柔软，弯折时就不会被折断。将柳条向上弯折，并通过两个U形钉针将每根柳条与其末端固定在一起。

③ 待所有柳条都弯折好后，剪掉中间的圆环，然后可以将几支鲜花营养管放置在留出的空间里，并绑扎固定，这些小水管被柳条束遮挡起来。将水注入小水管中，然后插入嚏根草花枝。

仙女之舞、加莱克斯草、日本茴芋、
淡红色万带兰
牛角、由混凝土花园砖制成的带铁棍的
底座、塑料薄膜、花泥

难度等级：★★☆☆☆

牛角花瓶

花艺设计 / 维姆·迭伦唐克

步骤 *How to make*

① 将牛角插放在混凝土花园砖底座的铁棍上。将花泥浸湿后用塑料薄膜包裹好，然后塞入牛角中。插入各式各样的植物材料，打造出漂亮的造型。
② 将鲜花营养管固定在造型中，然后注入水，插入万带兰鲜花。

难度等级：★★★☆☆

纸花瓶

花艺设计 / 利恩·罗兰斯

材料 Flowers & Equipments

花毛茛

彩色手工纸、剪刀、花瓶、花泥、蜡烛

步骤 How to make

① 将彩色手工纸剪成正方形小纸片（边长为 3cm 或 4cm）。
② 按日式折纸风格将小纸片折叠并拼成一个花瓶造型。将花瓶放入彩纸花瓶内，然后塞入花泥。
③ 将花毛茛插入花泥中。

难度等级：★★★☆☆

嚏根草鲜花壁饰

花艺设计 / 苏伦·范·莱尔

材料 Flowers & Equipments
东方嚏根草
拉菲草或其他纤维、硬纸板、鲜花营养试管

步骤 *How to make*

① 将硬纸板裁剪成长条状，用拉菲草将小试管和长条纸板绑扎在一起。
② 将嚏根草插入小试管中。
③ 将插好花的纸板参差固定在墙壁上。

难度等级：★★★★☆

冰冷寒冬静物画

花艺设计 / 盖特·帕蒂

材料 *Flowers & Equipments*
桤木枝条、嚏根草
画框、鲜花营养管、烛蜡、绳子

步骤 *How to make*

① 将烛蜡稍微加热后，倾倒在小树枝上。将蜡液倾倒在绳子上制作成小冰锥。重复这个操作，直至蜡层达到理想的厚度。

② 将树枝用夹子固定在框架内，然后将小冰锥悬挂在树枝上，同时将鲜花营养管固定在枝条间。最后，将嚏根草插入营养管中。

小贴士：也可以直接用液态蜡来装饰树枝。

难度等级：★★★★☆

四重奏

花艺设计 / 苏伦·范·莱尔

材料 Flowers & Equipments

黑嚏根草、棉铃（棉绒纤维）和细枝条、梓木果实、仙人掌果实
鲜花营养管、四块方形中密度纤维板、绑扎铁丝、热熔胶、冷固胶、钉枪、白色涂料、经漂白的木条、不同规格的金色、古铜色、褐色色系的圣诞主题小装饰物

步骤 *How to make*

① 取四块方形木板，将它们涂成白色。在每块木板上钻两个孔，然后将它们挂到墙上。
② 将经漂白的木条垂直放置在木板表面。将木条在木板的上下侧面弯折，然后用钉枪将木条定位并固定。
③ 将挂着棉铃的枝条垂直固定在木板表面，以增强垂直层面上的线条感。
④ 将每块正方形木板中放置一块嵌板，让四块嵌板在整个构图的中心区域组成一个正方形，然后从构图中心开始向外呈放射状粘贴一些悬挂在圣诞树上的小挂件。整个作品呈现出了两种截然不同的动感轨迹——一种是垂直层面的线条运动，另一种则是从中心向外逐渐扩散，呈辐射状的"爆炸"。
⑤ 将鲜花营养管用冷固胶粘在木条背面，然后插入嚏根草。